江間有沙 著

絵と図でわかる

AIと社会

未来をひらく技術とのかかわり方

技術評論社

はじめに

常識とは、18歳までに身につけた偏見のコレクションのことである。

これは有名な物理学者アルベルト・アインシュタインの言葉です。

生まれ育った環境や受けた教育などにより私たちは、暗黙の裡に特定の価値判断を持っています。本書は、人工知能（AI）の技術的な話もありますが、AIというレンズを通して、今の私たちの社会の課題や私たちが持っている偏見、生活や仕事のあり方を見つめなおしてみようと試みています。

2020年からのコロナ禍で私たちの生活や仕事が一変する前から、じわじわと私たちの社会の価値観や世界の政治・経済的な勢力図は変化してきました。いまや私たちの社会は「連帯」を叫ばなければならないほど、分断されています。自分の「当たり前」が、ほかの人にとっては理解されない、ということが「当たり前」になりつつあります。

じわじわと変わる絵は、その変化になかなか気がつきません。このような状況では、まずは知が力となります。今、世の中では何が起きているのか、どのような価値が議論の対象になっているのか、本書では最低限の整理を行います。

また、AI関係の技術や環境の多くを安価で誰でも使えたり習得できるようになってきています。つまり、私たちは誰しもがAIの利用者にも開発者にもなれるのです。技術に振り回されないためにも、できることできないことを把握することが重要です。

生まれ育った環境や受けた教育によって特定の価値判断をするようになるのは、実はAIも一緒です。本書ではいかにAIが社会との相互作用によって開発され、使われているかを紹介していきます。AIは社会の問題を解決する手立てとなる一方、問題をさらに複雑にするジョーカー的な道具なのです。

AIは気づかないうちに私たちの社会や生活に入り込んでいます。私はAIなんか使っていないよ、という人もいるかもしれません。しかし、行政、病院、交通システムなどではAIをはじめとする技術がすでに専門家の間では使われており、市民や消費者である私たちは、その恩恵にあずかっています。そこに気づくことが次のステップとなります。

知ること、気づくことができたら、あとは話すことです。本書が新たな知識や気づきを得ることにつながり、さらには周りの人と話をするきっかけとなることを願っています。

絵と図でわかる　AI と社会　目次

※本書は 2021 年 3 月 31 日現在の情報をもとに作成しています。

第1章

未来は複数ある

人工知能（AI）と社会を考えるとき、
便利な社会や効率化社会、環境に配慮した社会など、
どのような社会を選び取りたいでしょうか。
本章では、AIと私たちの社会をめぐる価値、地理、
そして歴史の多様性について考えます。

1-1

これからの社会を考えよう

あなたは10年先が、どのような社会になっているか想像できますか。私たちに見える社会は断片的です。ひとつの点を見るのではなく、一歩引いて点と点を結ぶ線に気づくこと、あるいは線を自ら作り出して面を把握できる人が、これからの社会で必要とされます。

図に書かれているそれぞれの役割は、誰もが一人何役にもなれるものです。AIが役割を担うことも考えられますし、AIと人が協力して担うことも考えられます。生活や働き方が変化していく中、どのような方向に行きたいかを決めるのは、私たち自身なのです。

1-2

AI がもたらす価値のトレードオフ

**AI を使うことによって実現できる社会像はさまざまで、
私たちが前提として大事にしている価値や思想にも影響が及んでいます。
良いことがある反面、別の問題が起きることを
トレードオフ（相容れない関係）があると言います。**

- **便利な社会**
  必需品を個人にカスタマイズし、先回りして提示する
- **プライバシー侵害・ナッジ社会**
  個人の趣味・嗜好などが筒抜けで把握、時に誘導される

- **安心社会**
  物理的距離があっても、架空ででも、常に自分の大事な人と会話ができる
- **依存社会**
  つながっていないと不安に感じたり、他者や架空の存在に依存してしまう

- **環境に配慮した社会**
  エネルギー効率をよくするため、人の動きや行動を最適化する
- **管理社会**
  人の移動や行動を把握するほか、省エネになるよう人々の行動を誘導する

■ **安全社会**

事件や事故が起きないよう、防犯・犯罪予防を行う

■ **監視社会**

人々の思考や活動から行動を予測し、異常行動を事前に抑え込む

■ **効率化社会**

サービス・接客業が機械に代替され、コストカット、無人化／省力化する

■ **孤独社会**

自分のペースでサービスを受けられるが、人との対話や付き合いが減る

■ **多様化社会**

情報の流通により、マイナーな趣味や嗜好でも共有できるコミュニティを探せる

■ **同質化社会**

自分の趣味や嗜好に合わせたコミュニティだけに接する機会が増えることで、多様な価値に触れない

1-3

人とAIの関係性

**人と機械の関係性は多様です。素早く計算ができる機械は知的ですが、道具にすぎません。
人とコミュニケーションできる機械は擬人化したくなります。
自分に快適な空間を作ってくれる機械は、
自分自身が機械の中にすっぽりと入ってしまったような気分になります。
あなたにとって AI はどんな存在でしょうか。**

支援：人間と機械の役割分担
――人ができることを機械が手伝う

AI の認識、予測、会話などの精度が向上するにつれ、今まで人間が行っていた作業を効率化することができます。たとえば、不良品検知や医療診断などでは、機械が問題を見つけたら人間に知らせてくれます。

また、あらかじめ人間が設定していた仕事を、機械が適切なタイミングや時期に自動で代行することもあります。たとえば、株取引などは、人間よりも AI のほうが速く取引ができるということで、自動取引が行われるようになりつつあります。

環境：機械の中の人間
――人間が活動する快適な環境を作り出す

建物の中や街全体のいたるところにセンサーなどを張り巡らし、AI が快適な居住空間を予測・学習して自動で調整したり、携帯端末などから操作できるようになります。

快適性だけではなく、建物や街全体として

の最適なエネルギー利用を計算して余分なエネルギー消費などを抑え込んだり、顔認証や指紋認証などを組み込むことで、関係者以外は立ち入りができないなどの防犯性を兼ね備えることもできます。

拡張：人間と機械の融合
――人間の能力や存在を拡張する

人間の思考力、意思決定能力や身体能力などを、AIが拡張することができます。すでに私たちは、インターネットでの検索や記録などは機械に頼っています。さらには、介護や農業などの現場で筋力を増強するアシストスーツなどによって、作業の迅速化、効率化や安定化が期待されています。

また、ヴァーチャルリアリティやロボットを使うことによって複数の場所に同時に存在したり、遠隔地での経験を共有したりすることもできるようになりつつあり、人間自身がすでにサイボーグ化しています。

仲間：人間と対等な機械
――社会の仲間に受け入れて、共に生きる？

AIが人間のように自律性をもって自ら問題を設定して解決できるような汎用人工知能になったらどうなるでしょうか。

人間には理解のできない行動や判断をすると人類の敵となるかもしれませんが、友達や仲間として社会の一員に受け入れるとする考え方もあります。

1-4

AIと社会の世界地図

**AIと社会を考える際に重視する価値については世界的にも合意が取れつつあります。
一方、それらの価値の中で特に何を重視するかは、
地域の歴史的、文化的、
社会的な観点と結びついて多様です。**

ヨーロッパ：
人権・人間の尊厳と連帯

植民地支配や2つの世界大戦の経験もあり、人権や平等、連帯をうたう欧州連合基本憲章があります。個人のプライバシー保護や環境への配慮と技術革新を両立する方法などの研究や制度設計を重視しています。

アフリカ：
技術革新と制度的課題

ヨーロッパや中国からの技術支援も多く、技術先進国より先に技術が普及するリープフロッグ（蛙飛び）現象が起きています。技術の恩恵を受ける一方、法制度が未整備なため、さまざまな問題も生じています。

中東・インド：
東西の中継地に求められる寛容さ

イスラエル、UAE、インドなどは、アジアとヨーロッパ、アフリカ諸国と歴史的にも社会的にも人的・物的交流の中継地となっています。宗教的にも多文化で文化的にも多民族であるこの地域は、欧米や中国の大学や企業と積極的に提携を結ぶことで、AI産業や研究、教育で頭角をあらわしています。

中国：社会の調和と安定

　共同体の安全や政治的・経済的な安定を確保することが重要です。情報技術を活用して得られる社会の安定が、世界全体の平和や自然環境との共生につながると考え、一帯一路政策としてアジア、欧州、アフリカとの連携を深めています。

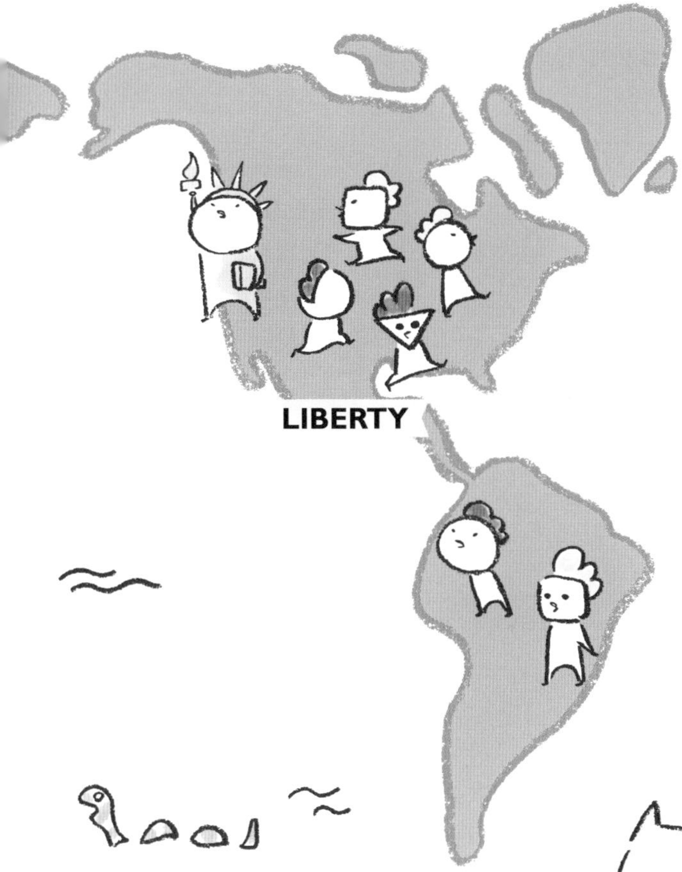

アメリカ：個人の自由と開拓者精神

　多様な価値や思想を持つ人がいるアメリカは、個人の権利と自由を尊重します。チャレンジとセカンドチャンスを許容する開拓者精神は、新たな価値や経験を提供する技術やサービスを作り出し、世界中で使われています。

AIと未来ビジョン

技術開発には目的が必要であり、人々が思い描くビジョンが強い原動力になります。政治や経済、社会、文化そして価値と切り離して、技術の議論はできないのです。技術は手段にすぎません。まずは、私たちがどのような社会に住みたいかを思い描くことから始めなければなりません。

どのような社会に住みたいか

AIの技術から本書を始めてしまうと、AIを導入することが目的であるかのように扱われてしまう可能性があります。しかし、技術は手段にすぎません。まずは、私たちがどのような社会に住みたいかを考えていきたいと思います。

私たちが現在、所与のものとしている価値観も歴史的にあるいは地理的に把握することから始める必要があります。そのため、第1章では価値のトレードオフや地理的な点から現在の社会を考える作りにしました。

ビジョンは単数形である必要はありません。人間は、過去のデータからしか学習することができない機械とは違い、さまざまな可能性に想像力をめぐらせ、それを実現させる力があるのだから、複数形の未来を思い描くことができるはずです。

価値は多様であり、また誰の立場から、何を対象としているのかによって見え方も変わります。本書で提示した考え方が絶対的な答えではありません。自分たちがよって立つ常識や当たり前を今一度見つめなおし、本書に書かれていることすら疑う、そのような視点を大事にしていただければと思います。

100年前のフランスと日本

技術が社会や文化と相互作用していることを考えるために、時代の軸でも考えてみたいと思います。100年前に遡ってみましょう。

次ページの図は両方とも「消火活動」をイメージしたものです。左図は「Aerial Firemen（空飛ぶ消防士）」と題され、人が空を飛んで火と闘い、救出活動を行っています。右図は「消防放水車と出火避難設備」と題され、放水車とゴンドラのように人を運ぶ機械が描かれています。

フランスと日本、別々の国が20世紀から21世紀を夢見て描かれたビジョンを並べると、右図のほうが現実に近いといえるかもしれません。一方で人々（特に西洋）は、ドローンタクシーの開発など、まだ人類が空を飛ぶ夢を追い続けているといえるかもしれません。

2つの図は、題材が同じ「消火活動」であっても描かれている技術は異なっています。これは、人々が「こうあったらいいな」と思う未来のビジョンが社会によって異なる一例を示しています。

これは何も日本とフランスだけではなく、日本人同士で描いてみても、さまざまなバリエーションが出てくることでしょう。

人間の想像力と可能性

人間が想像できることは、人間が必ず実現できる。

これはフランスの小説家ジュール・ヴェルヌ(1828-1905)の言葉と言われています。ヴェルヌはサイエンスフィクションの開祖として知られており、作品には『海底二万里』、『地底旅行』、『月世界旅行』などがあります。

想像することは、その方向に意識が向くということであり、それが未来を形成する力となります。

近年、「どのような社会に私たちが住みたいか」を描く政策的なビジョンも打ち出されています。日本政府が掲げるSociety5.0は、サイバーと物理空間を融合させたシステムにより、経済発展と社会的課題の解決を両立する人間中心の社会を目指しています。国連の持続可能な開発目標(Sustainable Development Goals：SDGs)は、2030年を見据えて貧困や気候変動対策、人権遵守など取り組むべき17の目標と169のターゲットを提唱しています。

本書では、バラ色の未来ではなく、現在私たちが直面しているさまざまな課題についても紹介しています。問題に気がつくことで、それが解決できるような未来が訪れるきっかけになってほしいと思います。

空飛ぶ消防士
出典：Jean-Marc Cote “In the Year 2000”
1900年パリ万博展示ポストカードより Aerial Firemen
https://en.wikipedia.org/wiki/En_L%27An_2000

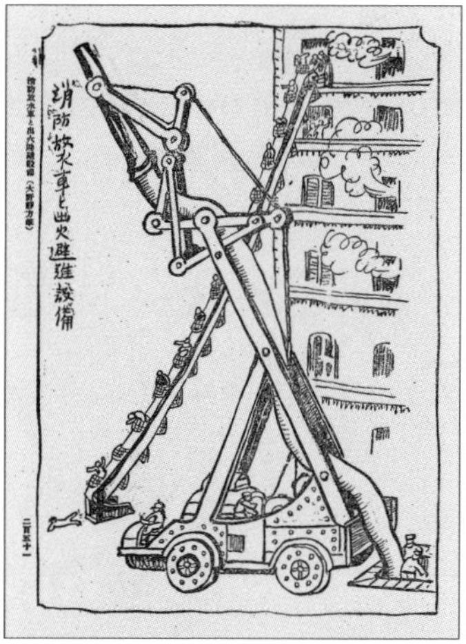

消防放水車と出火避難設備
出典：『日本及日本人』(政教社)(1920)

1-6

AIをめぐるさまざまな課題

AI は社会にさまざまなメリットをもたらすと同時に、さまざまな課題ももたらします。
技術的な課題に根差す問題もあれば、社会そのものが持っている問題が技術によって増幅されてしまうこともあります。

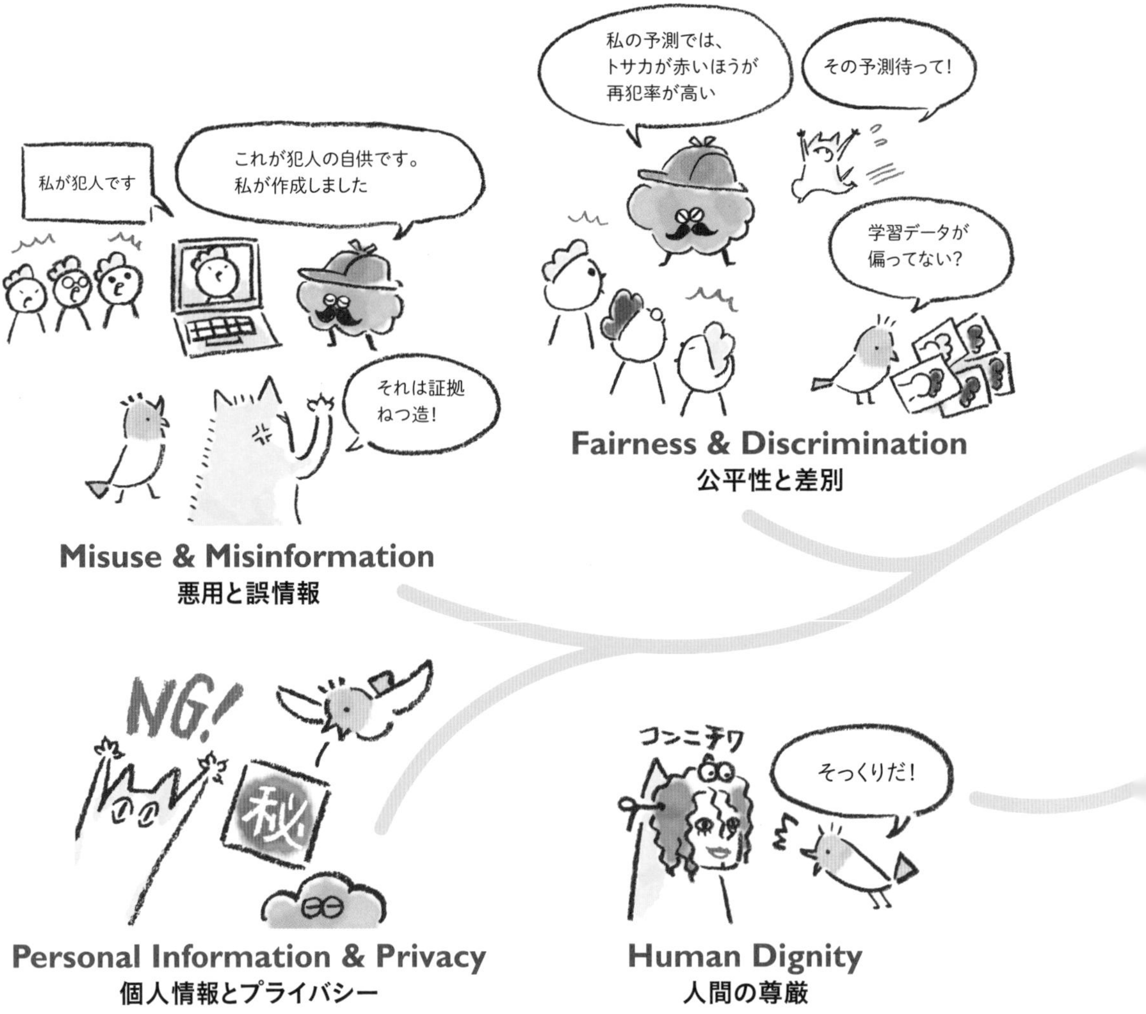

どんな課題があるかな?
こっちは情報を
得られないよ
Access Inequality
アクセス不平等
列に並んで
いつまで待つの?
どうしてくれる?
次どうすればいい?
Future of Work
未来の仕事
確認します
怪しい
集団発見
攻撃しますか?
アジト
Safety & Security
安全とセキュリティ
Military Use
軍事利用

1-7

本書の見取り図

本書は見開きでテーマを扱っています。
ある問題に対して技術から解決を考える場合もあれば、
社会や制度的な観点から問題解決をしなければならない場合もあります。
各ページの関連する内容に関しては☞マークで参照箇所が記載されています。
ページを行ったり来たりしながら読んでみてください。

■ 価値観の多様性と未来へのヒント　～第1章

すでに皆さんが読まれた通り、過去と現在の各地域における人々の価値観の多様性を示しました。ここからどんな未来像を紡ぎ出していくのか、ヒントとなる材料を本章では提供しました。

■ AI技術の特徴と課題　～第2章

話の前提となるAI技術の特徴と課題を紹介します。AIの歴史やAIができること、できないことなどを絵で解説していきます。

■ AI技術と社会の相互作用　～第3章、第4章、第5章

AI技術と社会が互いに相互作用していることを、角度を変えながら紹介していきます。AIがもたらす課題はどのようなものか、そしてどのように対応していけばいいのか。そのアプローチとして技術的に対応をするのが第3章、社会制度などで対応をするのが第4章、人と機械の相互作用の場面で対応するのが第5章です。

■ 社会そのものが抱える課題　～第6章

AIのもたらす問題が複雑なのは、社会の側も簡単に答えが出せない課題だからです。仕事や生活における人間とAIの役割分担や責任のあり方、人と機械の関係性について再考します。

■ 再び未来を考える　～第7章

技術の持つ課題、社会の持つ課題を把握したうえで、私たちは第1章からの宿題である複数形の未来を考えなければなりません。

しかしここでいう「私」も実は複数性を持つのです。この本を読んでいる方は、どんな方でしょうか。学生かもしれませんし、企業に勤めているかもしれませんし、実際にAIを開発しているかもしれませんし、他方でAIのユーザーであるかもしれません。日本人かもしれないし、日本語は読めるけれど外国籍かもしれません。

そこで、最後に、それぞれの立場の「私」ができること、考えるべきことを整理して提案します。

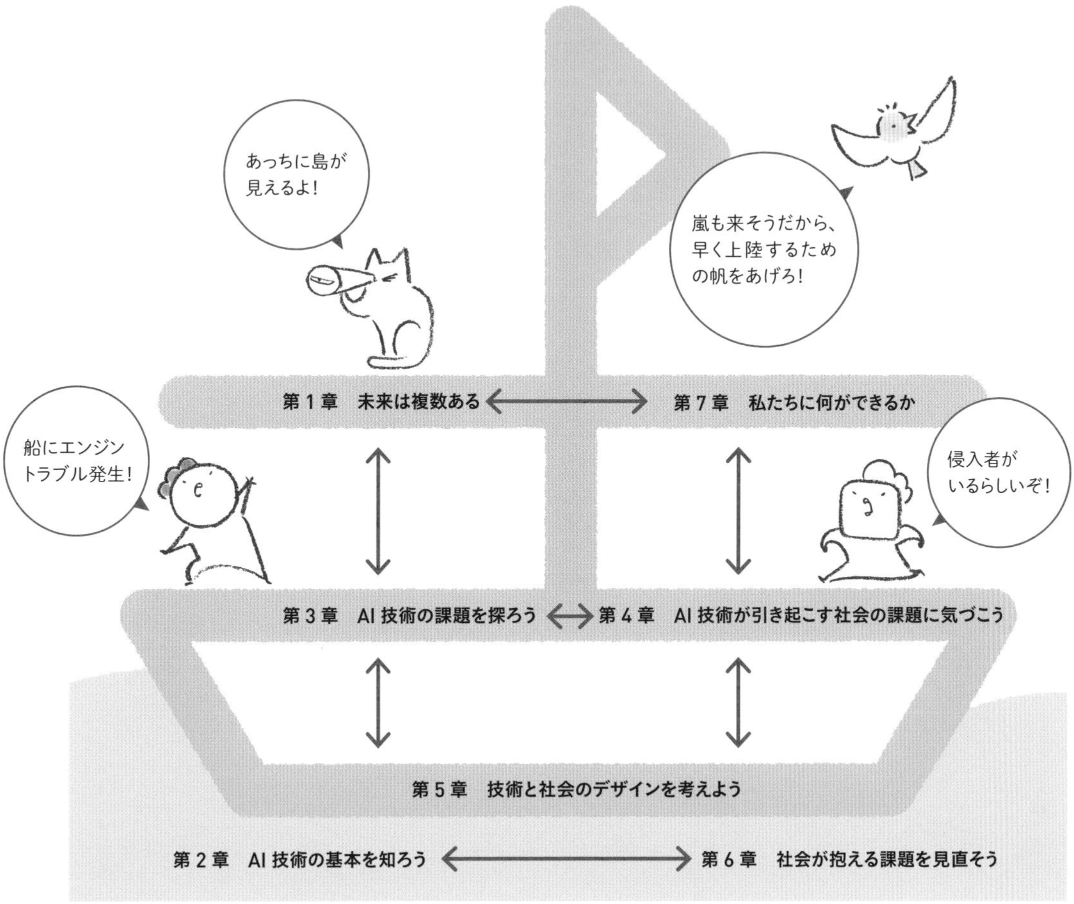

■ **本書を舟にたとえてみたら…**

本書の見取り図を舟でたとえるならば、骨格となるのは第 3 章、第 4 章、第 5 章です。AI ができること、社会ができること、そしてその 2 つが適切に作用するようにデザインすることによって、ある程度の荒波には耐えられるような舟を作ります。これらの章には、厳密には AI 研究ではないものも含まれます。しかし、どんなに AI の精度や性能が良かったとしても、社会制度と整合していない AI や使い勝手が悪い AI は使われることはないのです。

そのうえで、AI 技術の展望と課題（第 2 章）と、社会が抱える課題（第 6 章）がもたらす風波を巧みに操作し、行くべき方向性（第 1 章）を定め、多様な人と連携して素早く意思決定をして行動しなければなりません（第 7 章）。

本書を通じて、読者の皆さんも自分なりの舟を設計してみてください。

第 2 章

AI技術の基本を知ろう

AI をめぐる課題を理解するためには、
技術の特徴やしくみを理解する必要があります。
本章では、AI 技術とそれを取り巻く環境や歴史、
AI ができることとできないこと、
これからの研究の見通しなどを概観します。

2-1

AIを支える技術と環境

AI が適切に動くには、それを支える技術や環境が不可欠です。
①データなどの入力、②ハードウェアやソフトウェアによる計算、
③パソコン画面やロボットなどの出力装置、④通信網やデータセンターなどの外部環境が、
物理空間とサイバー空間の両方を行き来しています。

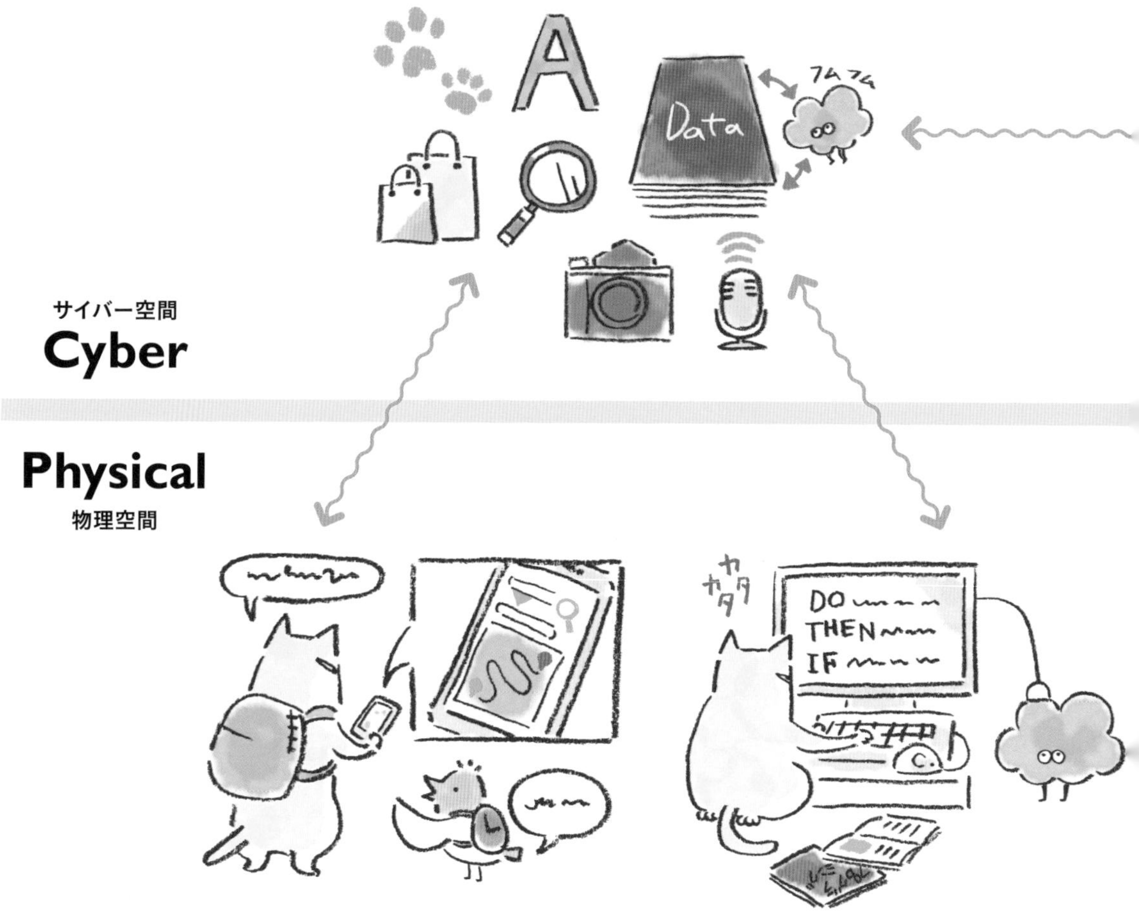

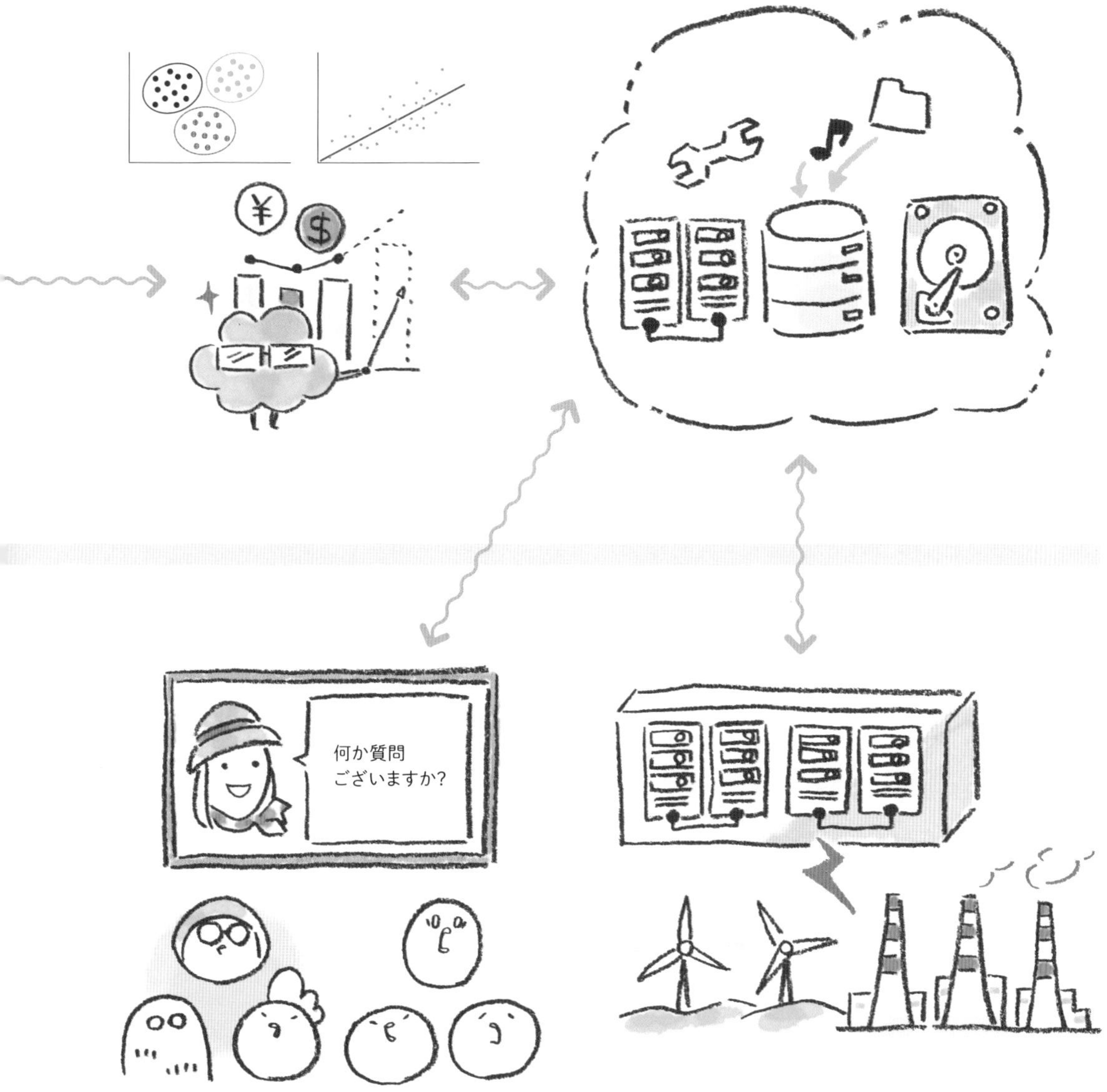
何か質問
ございますか?

① AI への入力

現在主流の AI は、過去のデータを学習して、認識や予測を行います（☞ 2-3）。データの種類は文字、音声、画像のほか、位置情報や会話データなども使われます。

AI が読める形でデータを取得するため、カメラやマイクのセンサーが必要になるほか、位置情報を把握するために衛星からの情報なども使われます。

②計算

AI を動かす手続きを記した設計図をアルゴリズムと言います（☞ 2-5）。アルゴリズムは Windows、macOS、Android、iOS 等の OS（基本ソフトウェア）上で動きます。

アルゴリズムを使って計算をするには CPU や GPU という物理的な機器（ハードウェア）が必要になります。これらは半導体と呼ばれる物質でできており、性能が良ければ速く精度よく計算でき、小さいものは時計のような小さな端末にも組み込まれます。

また、計算を端末でなく、インターネットを通じて計算などができるクラウドサービスもあります（☞ 4-8）。クラウドは自分で計算環境を整えなくても高度な計算を行えるほか、メンテナンスもする必要がないので便利です。一方で、もし通信障害などでサーバーダウンした場合、ユーザーにできることはありません。

③計算結果の出力

AIの計算結果はパソコンや携帯電話などのデバイス（機器）で見ることができるだけではなく、ネットワークを介してつながっているほかのデバイスに新たな計算を指示することもできます。あるAIから別のAIに連鎖的に命令をしていくことや、AI同士で相互に学習することも可能です。

AIをロボットなどに搭載することによって、計算結果をもとに物理空間にあるロボットを動かすこともできます。

出力結果を人間にわかりやすいよう説明するためには、ユーザーに使い勝手が良い画面や見た目（インタフェース）のデザインや（☞5-2）、人間と対話できるエージェントが必要です（☞5-6）。

④外部環境

データをAIに送ったり、AIの計算結果をクラウドを介してデバイスに送るためには、通信網が必要になります。現在、高速で大容量で遅延が少なく信頼性の高いネットワーク接続環境を提供する5Gの導入が全世界的に進められています。

またクラウドなどのサービス提供に必要なサーバーや回線などを管理しているデータセンター、さらにはこれらのすべてを支える基盤として電力の供給が現代社会には不可欠になっています。

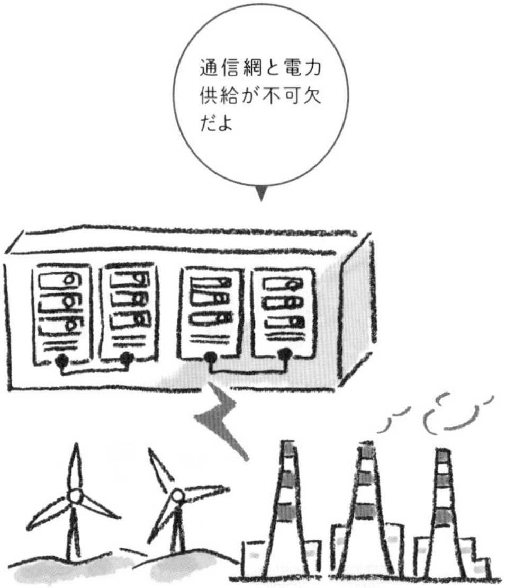

2-2

AIの歴史と冬の時代

AI が何を意味するのかは、歴史的にも流動的です。AI には3度のブームがあるといわれています。第一次（1950 ～ 1960 年代）、第二次 AI（1980 年代）、第三次（2010 ～）です。「学習」に着目した第三次ブームは現在も続いています。

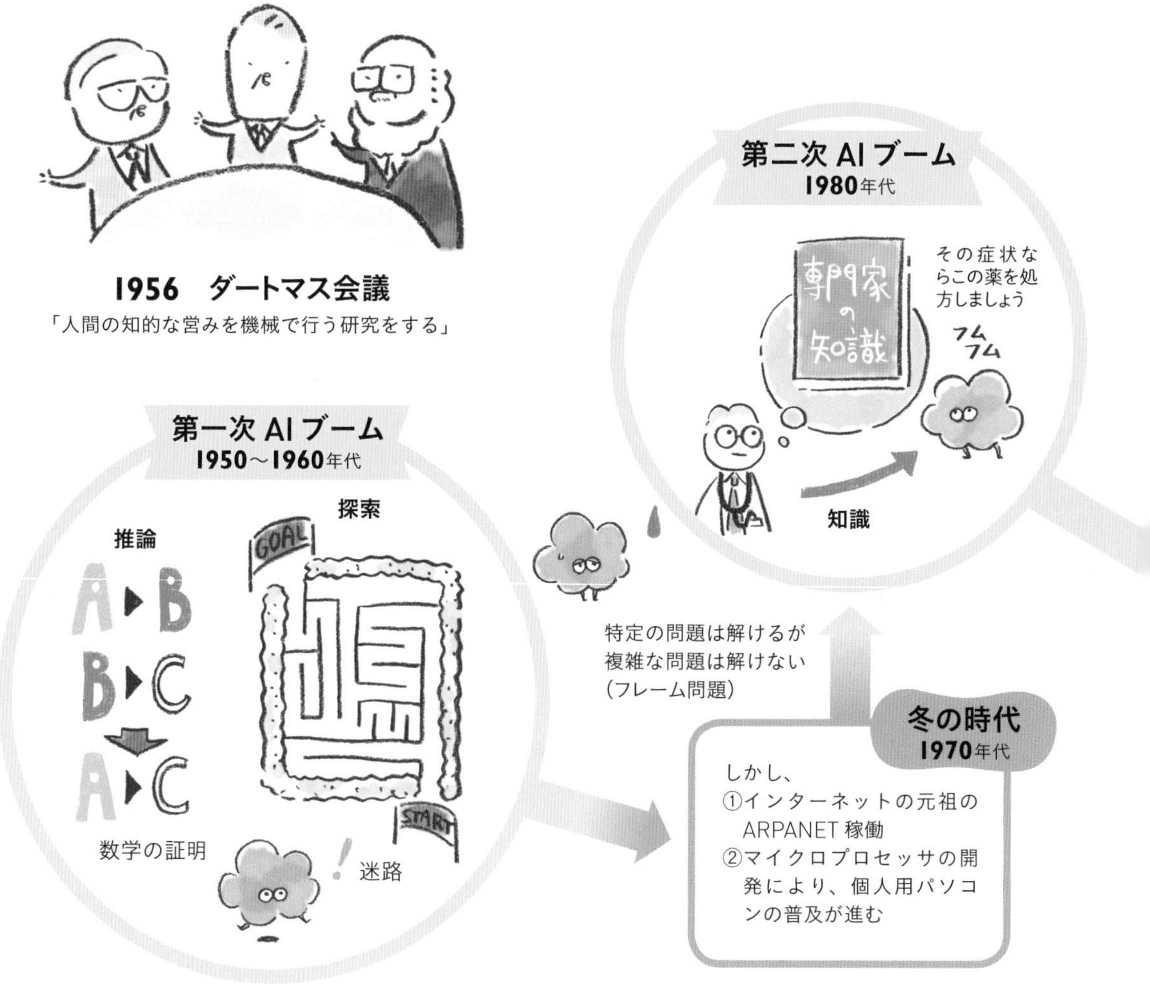

特定の問題は解けるが
データの少ない事例や
倫理的な課題に直面する
フロンティアへ
2020年代〜
第三次AIブーム
2010年代〜
ネット
SNS
画像
音声
Data
フムフム
学習
現在の技術は、異常検知や診断など特定の作業や問題に特化した「特化型AI」ですが、フロンティアな研究領域には、何にでも使える汎用AIの構築も目指されています
特定の問題は解けるが
知識量の不足や矛盾がある
(シンボルグラウンディング問題)
冬の時代
1990〜2000年代
しかし、
①インターネットの普及でデータが蓄積される
②機械学習に必要なニューラルネットワークの研究が進む
これを見てると「冬の時代」にこそ、新しい技術や手法が出てきているように見えるけれど
冬の時代っていうのは、人々の期待が下がったり、研究費が打ち切られたりした時代のことで、研究が進まないっていう意味じゃないんだ。その意味で、第三次ブームにはまだ冬の時代は来ていなさそう

フレーム問題

第一次、第二次 AI ブームは両方とも「フレーム問題」にぶつかり冬の時代に入りました。「フレーム」とは枠組みのことです。フレーム問題とは、AI が人間に与えられたルールや知識の範囲内という狭い「枠組み」の中でしか問題を解決できないことや、問題解決のために適切なルールや知識を自ら選ぶことができないことを意味します。

フレーム問題を説明する事例を紹介しましょう。AI に「爆弾がある部屋に入って、貴重品を取ってくる」よう命令します。命令する側は、貴重品のみを安全に入手したいのです。これに対して AI その 1 は貴重品についていた爆弾も一緒に持ってきてしまいます。

そういうことがないように、AI その 2 は、貴重品を持ってくることでほかの問題が起き

ないかを考えるように改良しました。このAIは爆弾を気にするようになりましたが、「ほかに爆弾がないか」「天井が落ちてこないか」などあらゆるリスクを考えて動けなくなり、結果、時間がたって爆弾が爆発してしまいました。

シンボルグラウンディング問題

人間が意味を理解しているように、機械は意味を理解していない、というのがシンボルグラウンディング(記号接地)問題です。記号(シンボル)が概念に接地(グラウンディング)していないと、正しく記号や概念を理解できません。AIには「常識」がないのです(☞3-4)。

たとえば、人間は「リンゴ」は概念として理解しているので、欠けていようが、下から見ようが、箱の中に入っていようが、拡大・縮小されていようが、すべて「リンゴ」と認識します。一方、リンゴの「特徴」をルールで書いたり、知識としてすべて機械に教えこむのは難しいのです。

ただ、「学習」するAIでは、記号と大量の画像(イメージ)の関係を学ばせることで、特徴を機械がある程度自ら見つけられるようになりました。これが突破口となって、第三次AIブームを生み出しました。

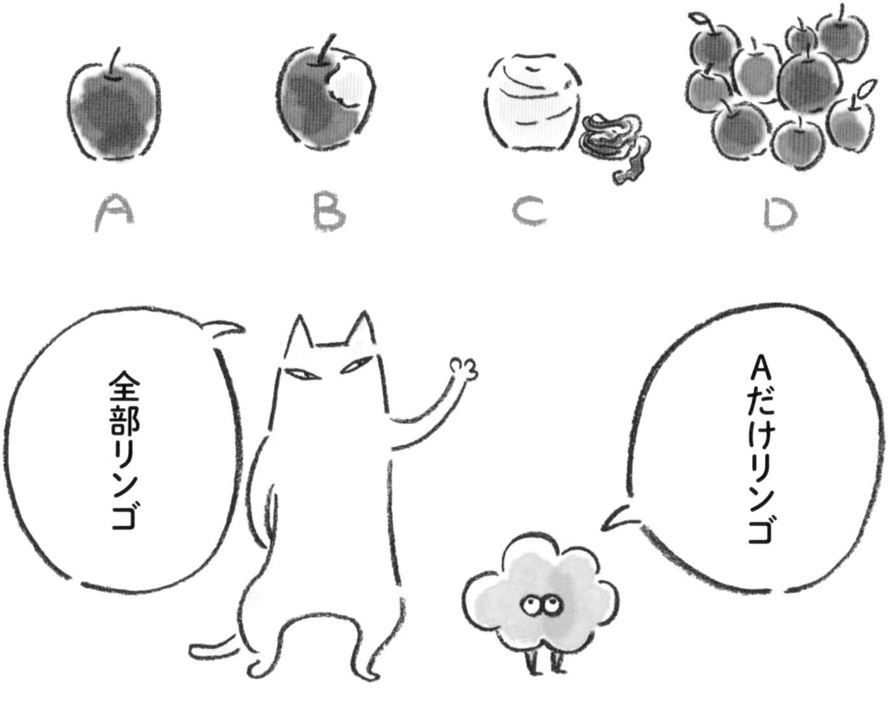

2-3

学習する機械(AI)ができること

第三次 AI ブームの主役は「学習する」AI です。
学習によって機械がある程度自律的に認識、予測、生成、会話ができるようになりました。
これらの技術は、人間の道具として使うのか、
ある程度は人間の介入なしに自律的に作業を実行するのかなど用途はさまざまです。

認識

大量の文字、画像や音声データを学習することで、データのパターンを判別します。

適切に認識するには、量だけではなく良質なデータも必要です。そのために、高解像度の画像や音源、高性能なセンサーを使ったデータ収集や、専門家による解釈や意味づけを事前に行う必要がある場合もあります。

工場での不良品検知

がんなど病気の診断

個人にカスタマイズされた嗜好品

予測

過去のデータをもとに、これから起こる事象や、個人の嗜好や行動を予測します。しかし予測は確率的であって確実ではないので、過去のデータや事例に過剰適応（過学習）してしまい、適切な予測ができない場合もあります（☞ 3-2）。

また出身地や性別などの統計情報によって個人の嗜好や行動が予測（プロファイル）される場合、採用や保険などの重要な判断で社会的な差別を再生産してしまうといった問題も指摘されています（☞ 4-5）。

人事や採用評価

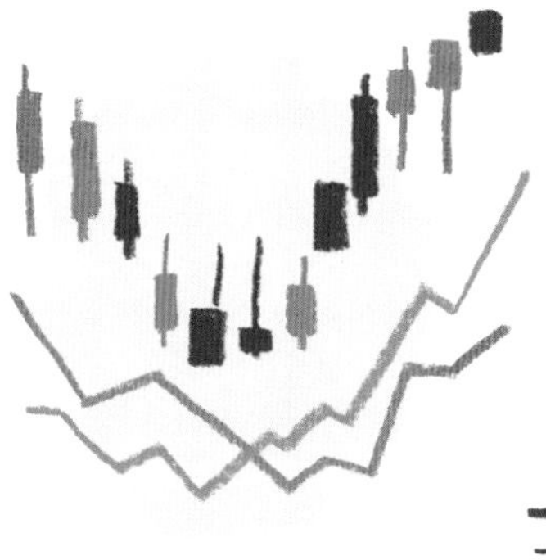
金融や保険などのリスク評価

裁判所の量刑判断

生成

過去のデータや個人のデータをもとにして、文章や画像、音声などを自動生成できます。時には人間が思いもよらない豊かな発想や表現を作り出すこともあります。

近年では、有名人の作品を新たに生成するAIも多くありますが、作品の著作権や故人の尊厳などの倫理的、法的な課題が指摘されています。また偽画像や動画の生成はフェイクニュースとして問題視されるほか、名誉棄損などの問題を生じさせると懸念されています（☞4-7）。

絵や音楽、
文章の自動生成

有名人や肉親の
外見や表現の自動生成

偽動画や偽ニュースの
自動生成

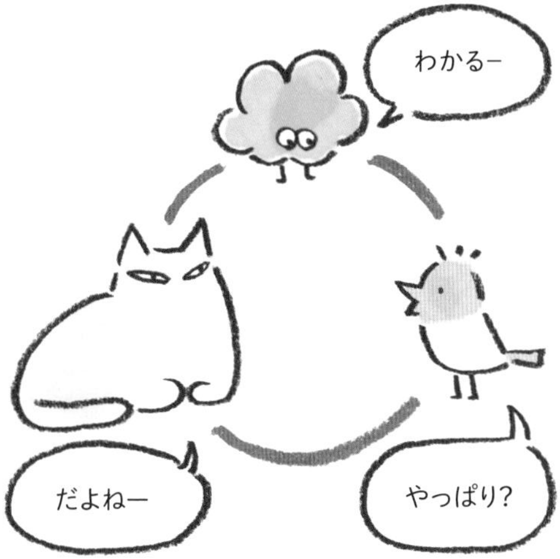

会話

文章の自動生成技術を用いて、違和感を感じさせることなく人と会話できるチャットボットやスマートスピーカーが身近になってきています。スムーズな会話を続けるためには、文脈や意味を理解することだけではなく、外見やキャラクターなどのデザインも重要になってきます。

その一方で、外見のデザインが偏見や差別を助長することや、感情が操作されること、機械に依存してしまうことなどの問題も指摘されています（☞5-6）。

チャットボットでの
自動応答や会話

スマートスピーカーとの
会話

ペット型ロボットによる
会話理解

2-4

機械に学習させる方法

過去の AI ブームでは、ルールに書いていない問題や、知識のデータベースがない問題は解けませんでした（☞ 2-2）。しかし、現在の学習する AI は、未知のデータに関しても判断ができます。しかも、何をどうやって学習するかを、ある程度は自律的に考えます。

教師あり学習

教師が生徒に問題の解き方を教えるようにAI に学習させる方法です。人間が問題（入力）と答え（出力）を教えることで、AI が人間と同じような判断ができるようにします。

ただし、AI に教えられるのは人間が答えを知っている問題に限ります。

また、機械に教えるために、事前に問題と答えのデータを紐づけたり、データが何を意味するのかラベルを付ける作業が必要になります。この作業をアノテーションと言いますが、大量のデータの問題と答えを紐づける作業は大変です。そのため、すでにアノテーションされている無料のデータセットもあります。（☞ 3-8）。

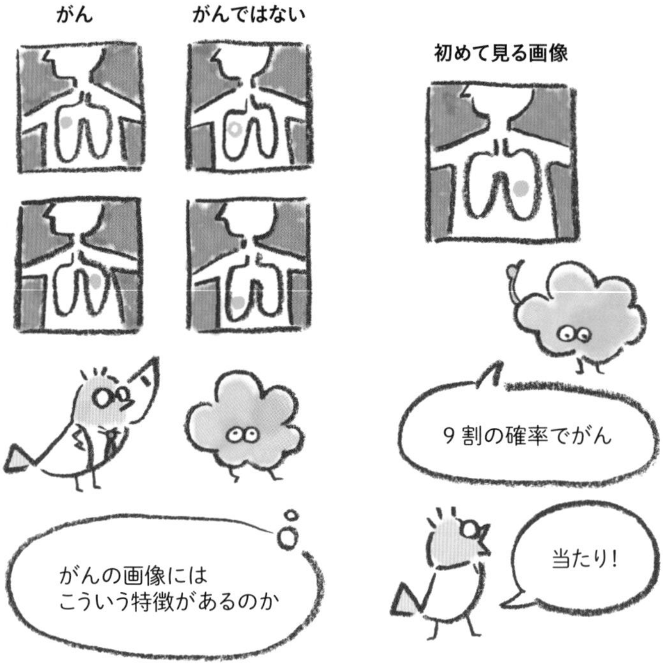

教師なし学習

教師が生徒に問題だけを渡し、傾向を自主的に読み解くように学習させる方法です。人間は問題（入力）だけを与え、AI が出した答え（出力）に対して、人間が解釈や意味づけを行います。

人間にも答えがわからない問題に対して有効ですが、人間と機械の着眼点が異なる場合、人間には理解不可能な出力が出てくる可能性もあります（☞3-2）。

強化学習

体育や芸術など実技授業のように、生徒に体を動かさせて学習させる方法です。人間は目指すべき目的と、どのくらいそれに近づいたかの評価を与え、AI は試行錯誤して最適な方法を発見します。

最適な行動の予測や新たなデータ生成などに利用されますが、AI には人間のような常識がないので、人間では考えないような方法を見つけたり、奇妙なデータを生成したりします（☞3-4）。

学習法の組み合わせ

教師あり学習、教師なし学習、強化学習のうち複数の学習法を組み合わせた学習方法もあります。

たとえば、2016年ごろにグーグルディープマインド社に開発され、囲碁の世界チャンピオンに何度も勝利したアルファ碁は、教師あり学習と強化学習を組み合わせています。アルファ碁の開発者は、まずはプロ棋士の棋譜をAIに学習させた後（教師あり学習）、AI同士を対戦させました（強化学習）。

これによってアルファ碁は、新しい定石を生み出すなど、驚異的な強さを持つように進化しました。

AIと機械学習

教師あり学習、教師なし学習、強化学習の3つの学習法は、AIに大量のデータを学習させ、分類や予測、生成などを行わせる技術です。これを機械学習と言い、現在のAIブームの中核技術です。

機械学習の一種にニューラルネットワーク（☞2-7）、その中にさらに深層学習（ディープラーニング）があります。本書でこれからAIという言葉を使うときは、主にこの機械学習や深層学習を意味します。

一方で、AIには学習以外にもさまざまな分野があり、AIという研究分野は、今後も広がり続けています（☞2-8）。

学習の種類を教科にたとえると……

教師あり学習

数学など教師が答えを教えてくれる教科

教師なし学習

総合学習など自分で答えを考える教科

▼ AIと機械学習の関係

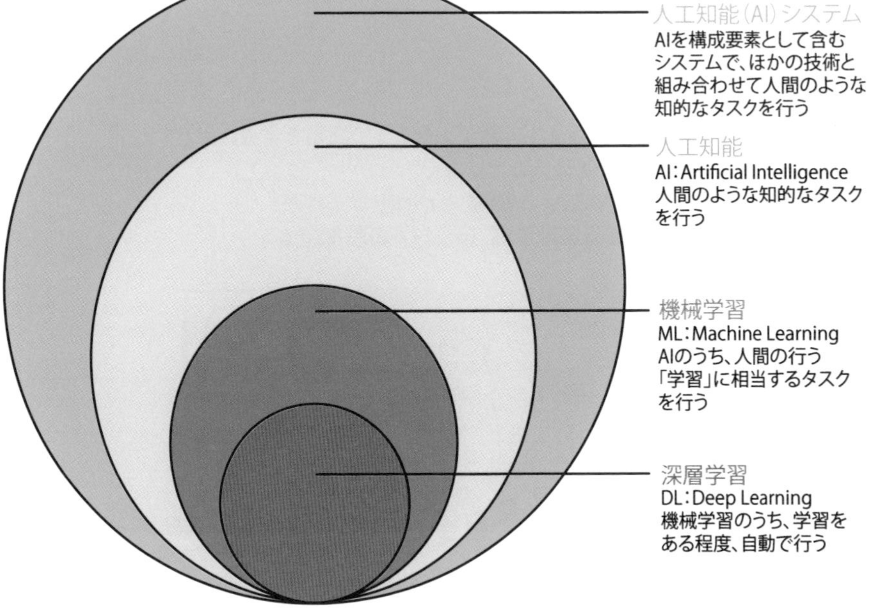

強化学習

体育や芸術など試行錯誤で方法を体得する教科

教師あり強化学習のように組み合わせる方法もある

課外活動のように応用力や発想力が求められる教科

2-5

学習に必要な手順

AI に学習させるとは、目的に合った出力結果が出るように調整をすることです。
このうち、人間が調整のルールを決めるのではなく、
入力データの性質などから自動的に AI が調整（＝学習）するのが、
現在の AI ブームのけん引役である深層学習（☞ 2-7）の特徴です。

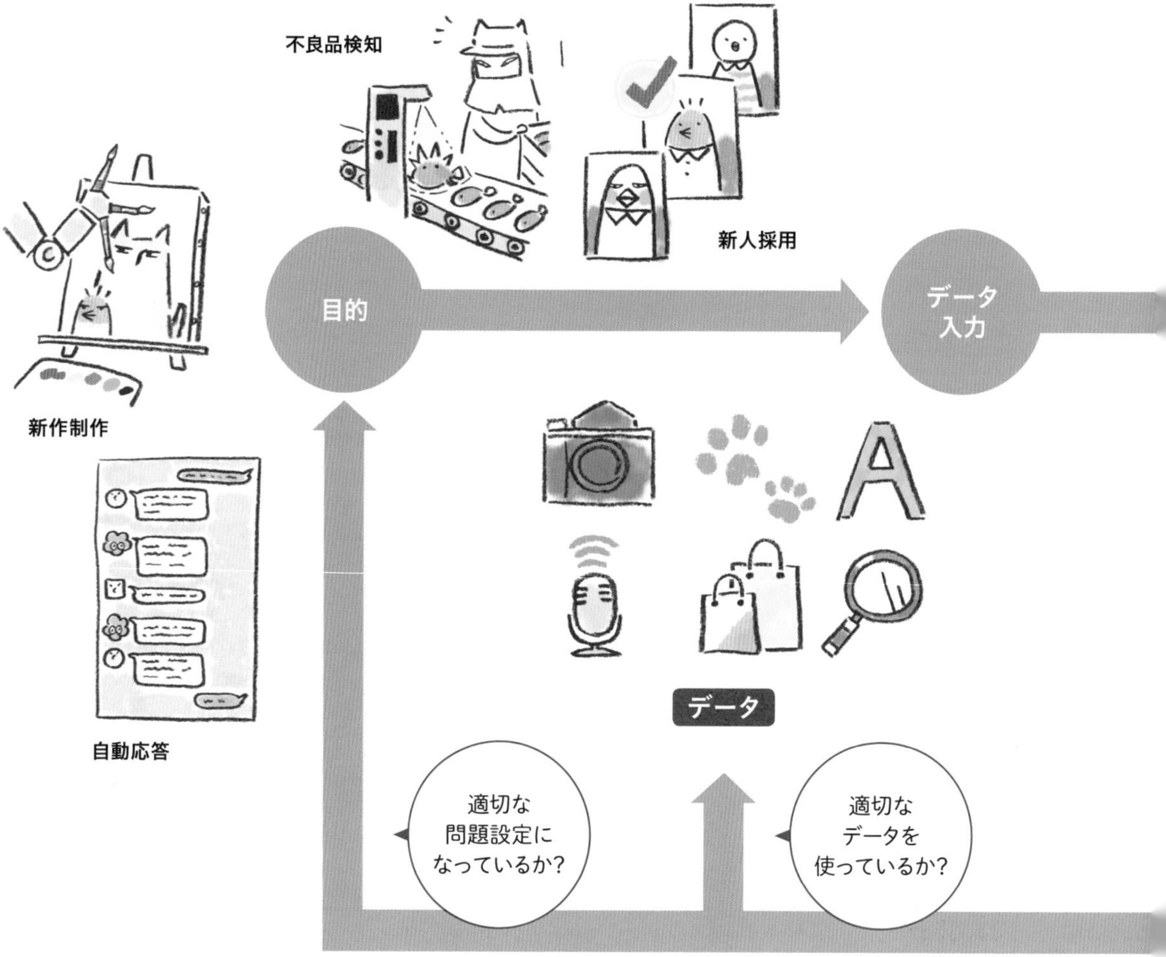

AIシステムを適切に動かすためには良いAIモデルを作る必要があります。

良いAIモデルを機械学習を使って作るためには下図のように、適切な問題設定、適切なデータ、適切なアルゴリズムの設計と調整が必要になります。

アルゴリズムとは、AIを動かす手続きを記した設計図のことです。あるデータを分析したいときに、パターンを見つけて分類したいのか予測したいのか、などいくつか定式化されているアルゴリズムがあります。

AIが目的に合った出力結果を出さない場合、(1)アルゴリズムを変更・調整したり、(2)入力データの質や量が適切かどうかを見直したりします。場合によっては(3)目的とする問題設定が適切なのか、今あるデータやアルゴリズムでは不可能なことを要求していないかを吟味して、目的そのものを微修正する場合もあります。

このようにして目的と出力結果の間を行ったり来たりしながら、AIモデルの調整を行うことがAIの学習には不可欠です。

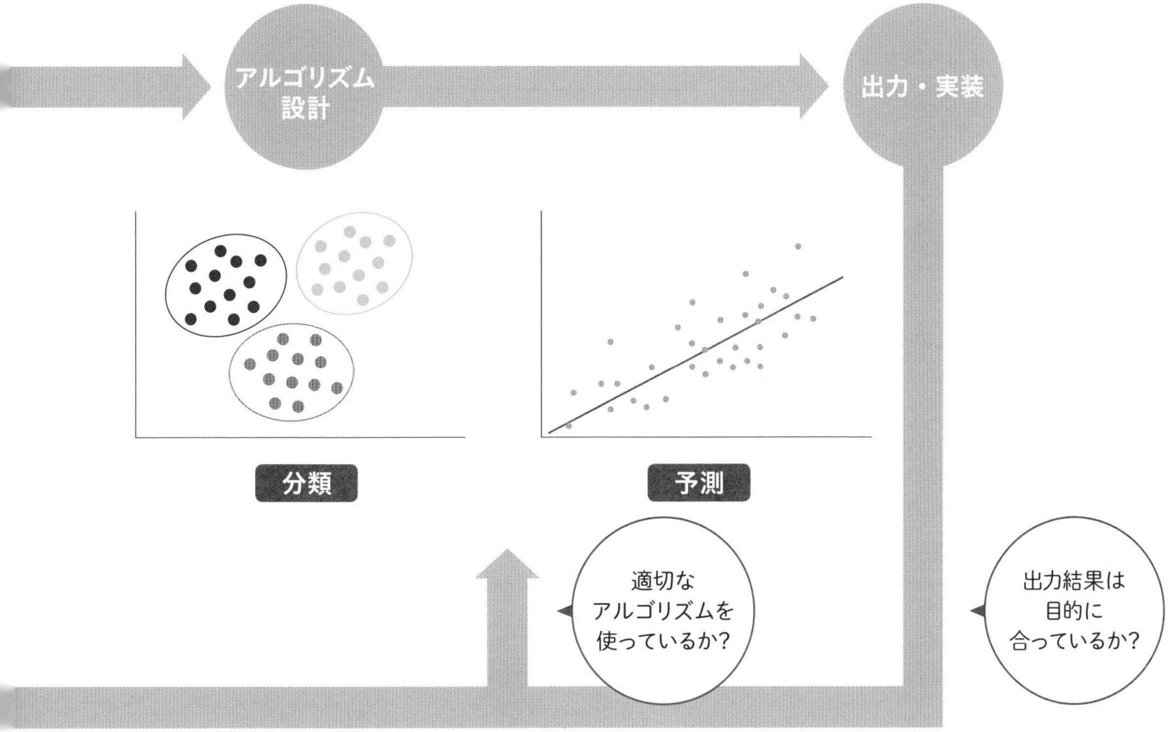

アルゴリズムの種類

■ 分類

分類のアルゴリズムは、与えられたデータから類似のパターンを見つけて、未知のデータがどのグループに属するかを分析するときに使います。たとえば、「この動物は猫か、猫ではないか」「このメールは迷惑メールか、そうではないか」などを分類するときに使います。

■ 予測（回帰）

予測（回帰）のアルゴリズムは、データのばらつきのパターンから、未知のデータの結果を予測するときに使います。たとえば「顔の特徴から同一人物である確率は何％」や、「過去の購買履歴から、新商品をお勧めして買ってもらえる確率は何％」などを予測するときに使います。

■ クラスタリング

クラスターは集団という意味です。与えられたデータをいくつかの集団に分類したいときに使うアルゴリズムです。「分類」と似ていますが、分類はどのグループに属するかの答えがわかっている教師あり学習です。一方クラスタリングは教師なし学習で、データの特徴をもとにグループ分けをします。そのため、分けられたグループが何を意味するのか人間が後から解釈する必要があります。

アルゴリズムの選択法

適切なアルゴリズムを選択してモデルを作ると、問題を効率よく、わかりやすく解くことができます。そのためにいくつかの指標があります。

■ モデルの評価指標の例

- 正解率（Accuracy）
  分類や予測が答えと一致する
- 適合率／精度（Precision）
  分類や予測の間違いが少ない
- 再現率（Recall）
  分類や予測の見逃しが少ない
- 分類精度（AUC）
  総合的な分類や予測の正確さ

■ 評価指標の使い方の事例

何を目的とするかによって、使う指標は異なってきます。たとえば、不良品検知が目的である場合、実際は良品なのに不良品と間違われてしまったり（偽陰性）、反対に不良品なのに良品と間違われてしまったり（偽陽性）することは避けたいです。このうち偽陰性と偽陽性を比較すると、不良品検知では偽陽性のほうが問題になります。そこで、見逃しが少ない再現率を評価指標に用います。

このように、目的に応じながらアルゴリズムやデータを調整して、良い学習をするAIモデルを作っていきます。

▼不良品検知に適切なAIシステムはどっち?

(A) 絶対に不良品を検知するが、
たまに良品も不良品と判断してしまうシステム

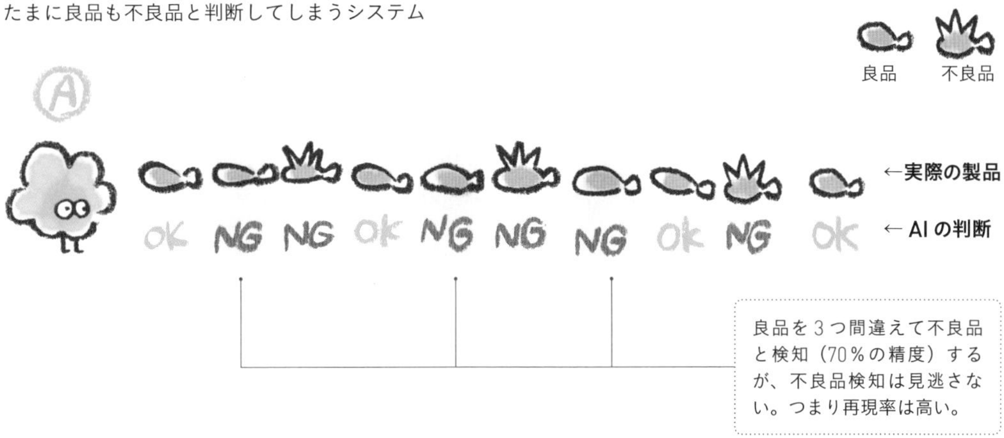

(B) 総合的な精度はAのシステムよりも良いが、
不良品を良品と判断する可能性があるシステム

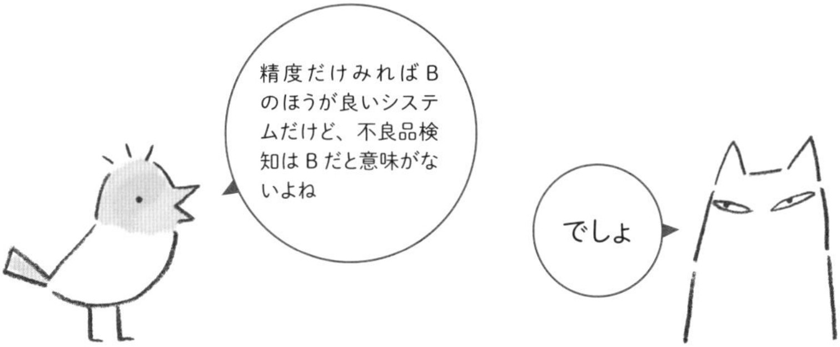

2-6

脳のしくみを使う

機械学習のうち、人間が調整（=学習）のルールを決めるのではなく、入力データの性質などから自動的にAIが調整するのが深層学習です。深層学習によって、従来の機械学習と比べて、入力と出力の関係性がかなり複雑でも、パターンの分類や予測を自動的かつ正確に行えるようになりました。

入力ではなくアルゴリズムの改良

機械学習の精度を上げるために、深層学習が発展する以前の2010年代までは、データとして入力する情報の加工技術が研究されていました。

これに対して、深層学習では、データだけではなく計算を行うアルゴリズムの改良が行われたことが画期的でした。

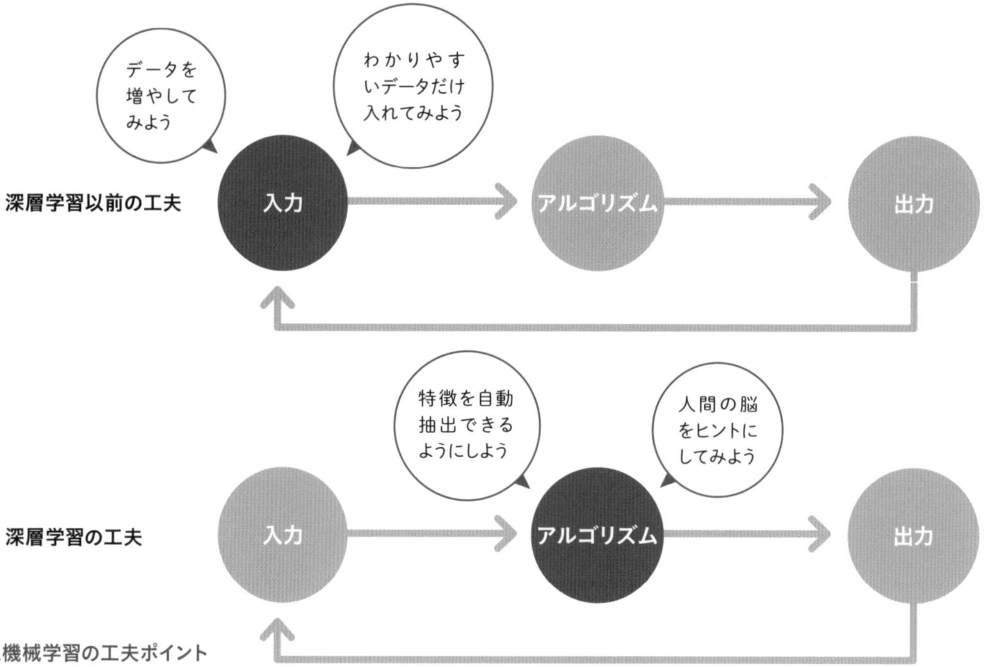

▲機械学習の工夫ポイント

脳が物事を認識するしくみ

人間の脳は、千億を超えるニューロン（神経細胞）で構成されています。ニューロン同士がネットワークを作って電気信号を送ることで、情報を伝達しています。

人間がリンゴとミカンを「違うもの」と認識できるのは、「リンゴ」という情報を伝達するために脳内で電気信号が通るネットワークや信号量が、「ミカン」という情報を伝達するときのそれと異なるからです。そのパターンの違いで、私たちは「リンゴ」や「ミカン」をはじめとするさまざまな物事を認識しているとされています。

下の図は、ニューロンの模式図を表しています。同じニューロンでも、リンゴとミカンを見たときの伝達パターンが異なります。

ニューラルネットワークとAI

ニューロン構造を模した数理的モデルをニューラルネットワークと言い、機械学習（☞2-4）の一種です。第一次AIブームと同時代の1950年代からニューラルネットワーク研究は行われており、AI研究と密接にかかわってきました。

現在の第三次AIブームの象徴である深層学習は、ニューラルネットワークを多層に深く（ディープ）重ねたディープニューラルネットワークモデル（DNN）が活用されています。本書では深堀しませんが、そのほか代表的なモデルに、画像データに使う畳み込みニューラルネットワーク（CNN）や、時系列データに使う再帰型ニューラルネットワーク（RNN）があります。

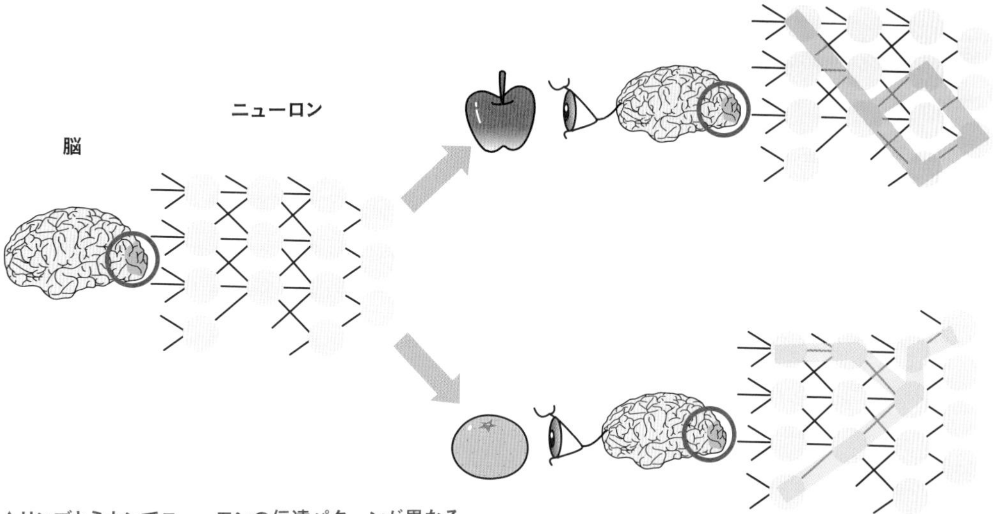

▲リンゴとミカンでニューロンの伝達パターンが異なる

2-7

ニューラルネットワークから深層学習へ

初期のニューラルネットワーク研究を、深層学習まで発展させることによって、現実の複雑な問題にも対応できるようになってきました。
一方、AI モデルが複雑すぎて解釈できないといった新たな課題も生じています。

ニューロンの情報伝達

脳内ではニューロン間で電気信号が伝達されます。ほかのニューロンから受け取った信号が一定以上（閾値を超えて）流れると、電気信号が生成され（発火）、さらにその先に電気信号を伝えていきます。

人工ニューロンとパーセプトロン

ニューロンの電気信号の伝達を行う数理的なモデルを人工ニューロンと言います。

ニューロン同士のつながりの強さは強弱があります。この強弱の重みづけの違いが学習に結び付いているとしてモデル化したのが、人工ニューロンの一種であるパーセプトロンです。

人工ニューロンの電気信号

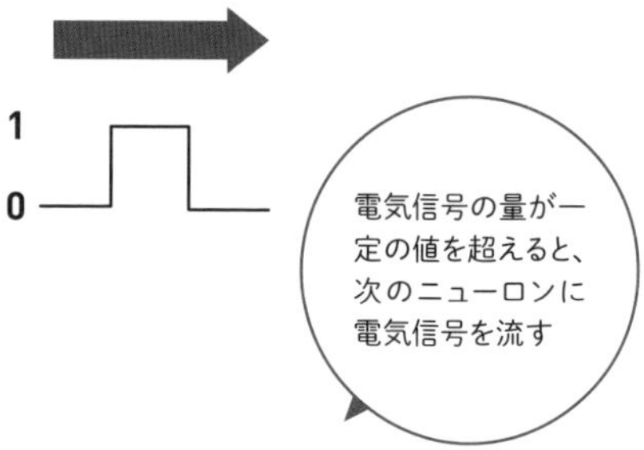

パーセプトロンでの電気信号の流れ

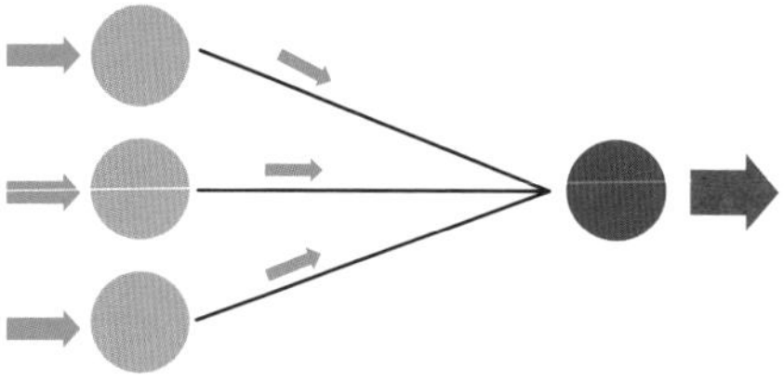

▲人工ニューロンとパーセプトロン

パーセプトロンは、重みづけされて流れてくる入力信号の合計が一定以上流れると、「0（発火しない）」ではなく「1（発火する）」という値を出力します。

パーセプトロンの閾値は設計者が設定するものですが、パーセプトロンが発火すべきときに発火したら「正しい」と知らせる信号を送ることで、自ら学習して設定させることもできました。これは、現在の機械学習の「教師あり学習」（☞ 2-4）の考え方です。

パーセプトロンとその限界

パーセプトロンを使うことで画像認識が精度よくできるようになりました。たとえば手書きの数字は人によって異なりますが、丸を描く「0」と直線の棒が1本引かれる「1」でパターンは異なります。数字を拡大して、たとえば20×20のマス目がある方眼紙に書くと、線が引かれているところは黒く、何もないところは白くなります。

それぞれのマス目を入力データとして、それが数字の「0」のパターンだと思えば、発火するように学習させれば、数字の「0」を認識するパーセプトロンが作れます。

しかし、「0」を認識するパーセプトロンは「1」を認識できません。この汎用性のなさもあり、パーセプトロン研究に対する資金援助はなくなり、冬の時代に入りました（☞2-2）。

多層化とニューラルネットワーク

人工ニューロンを下図のように層構造にしたのがニューラルネットワークです。入力と出力の間に中間層（隠れ層）を設けることで、複雑な表現ができるようになり、認識や予測の精度が上がりました。

一般的にニューラルネットワークというと、入力層、中間層、出力層の3層があります。中間層の部分を増やして「深く」（ディープ）していき4層以上になると、深層学習と呼ばれるようになります。

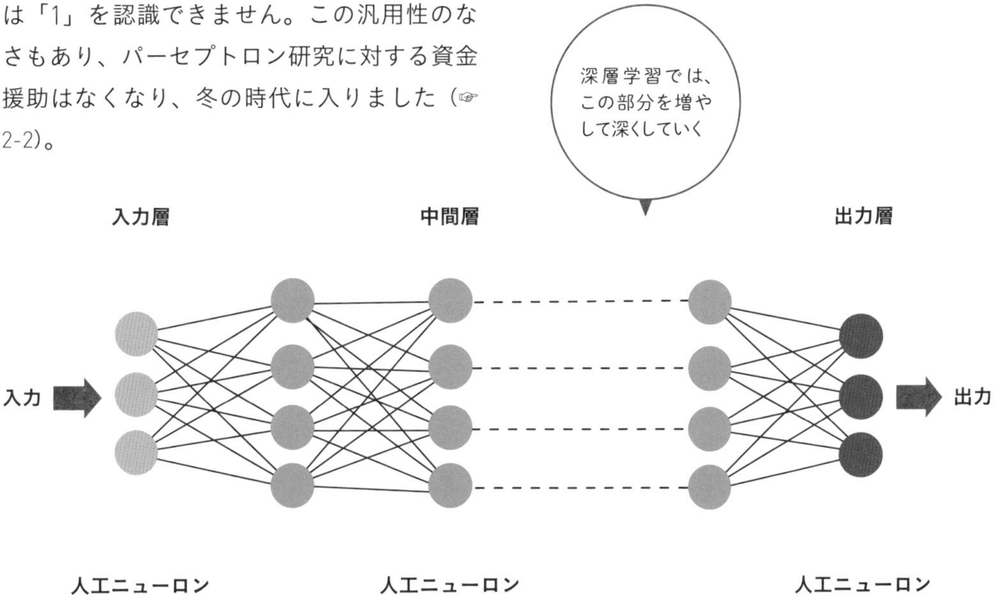

▲ニューラルネットワーク

バックプロパゲーション

冬の時代を経て、多層ニューラルネットワークを訓練する学習アルゴリズムが 1980 年代に開発されました。それがバックプロパゲーション（誤差逆伝播法）です。バックプロパゲーションは、入力と出力の誤差を修正するときに、出力層から入力層へとさかのぼって重みづけを修正します。

これは伝言ゲームにたとえることができます。最初と最後で伝言内容に誤差が生じた場合、どこで間違いが生じたのかをさかのぼって見ていくことで、どこの層を修正すればいいかの見当をつけられます。

深層学習（ディープラーニング）

2 つ以上の隠れ層を持つニューラルネットワークを深層学習と言います。層を深くするためには、学習させる大量のデータと分析する高性能コンピュータが必要になります。

2012 年に深層学習のすごさを世に知らしめた AlexNet というプログラムは、8 層のネットワークで、100 万枚以上の訓練用画像データをもとにバックプロパゲーションを使って学習しました。従来であれば画像の色や形などの特徴は人間が設計していたのですが、十分なデータがあれば、機械が自ら学習する特徴量を見つけ出すことを示した点でも画期的でした。

ブラックボックス問題

深層学習では、大量のデータの中から複雑なモデルを構築できます。モデルが単純であれば、判断にいたった経路の解釈も可能ですが、モデルの中身が複雑になってしまい、教師なし学習などで開発者自身も論理的に解釈や説明できない場合も出てきました。

複雑で説明できなくても、精度が良ければよいものもあるでしょう。しかし、病気の診断や人事など、他人の人生を左右するような場合は、ある程度の合理的な説明が求められます。そのために、説明可能なAIの開発(☞3-3)が必要とされています。

シミュレーションと現実世界

深層学習を使うことで、複雑な生命現象や社会現象を複雑なまま学習して、シミュレーションできる可能性が出てきています。

一方で、ブラックボックス問題が示すように、複雑な計算結果の中身を人間が解釈できなかったり、出てきた結果を人間が正しいものかどうか判断できなかったりする可能性も示唆されています。

そのため、AIが出してきた現実世界のシミュレーションを、現場の知見や経験から解釈できる人との協力体制を構築していくことが重要になってきています。

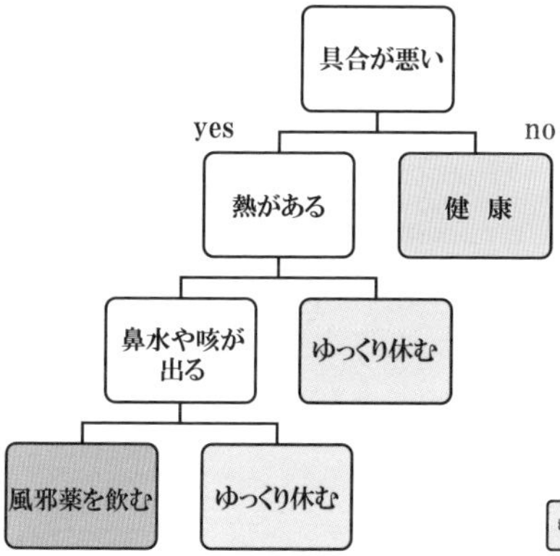

単純なモデル

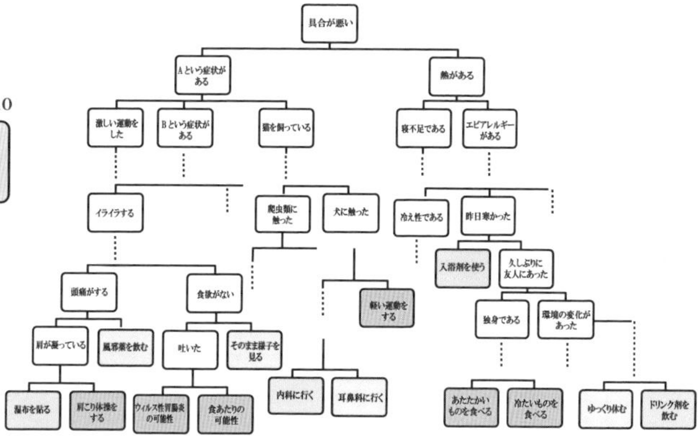

複雑なモデル

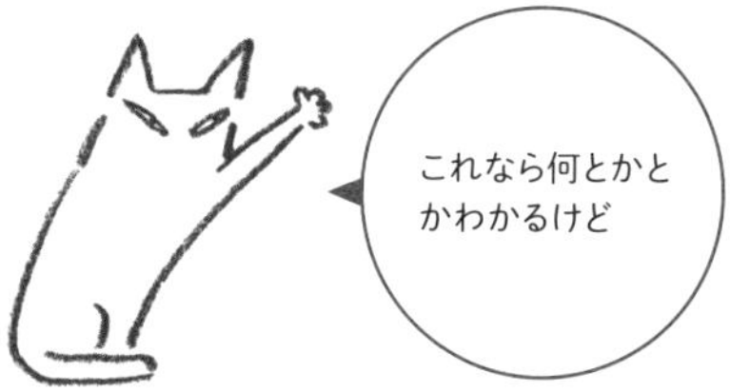

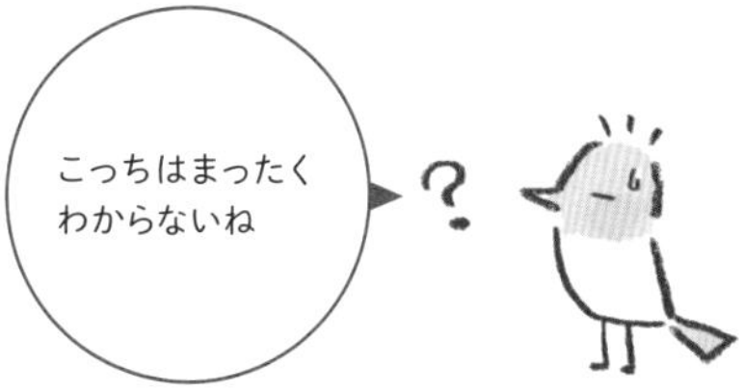

2-8

AIの研究分野と広がり

AI 研究は「知とは何か」を考え続けてきた研究分野です。そのため、歴史とともにさまざまな分野が発展してきました。第一次 AI ブームの推論や探索は現在でも重要な研究で、日本の人工知能学会による分類にも紹介されています。

フロンティア

汎用人工知能や、新たな社会的課題に対応するための研究

発見・探索・創造

データから新しい画像・音声や知見などを発見したり生成したりする研究

進化・生命・成長

人とは何か、発達や進化について理解する研究

人・対話・情動

人間のような知能を持つための、人間の認知、感情や行動に関する研究

人工知能学会　AI マップβ 2.0 の D より作成
https://www.ai-gakkai.or.jp/resource/aimap/

時代とともに進化するAI研究

AI研究には、今まで紹介してきた推論・知識・学習だけではなく、出力されたデータを人間にわかりやすく伝えるための対話の研究や、現実世界でAIを動かすための身体性の研究、新しいデータを生成したり、人間の発達や進化を理解する研究も含まれます。

近年ではAIを用いた技術が差別的な判断を下す事件をはじめとする社会的、倫理的な問題が生じています。これは技術だけで解決できる問題ではないので、異分野・異業種の人たちとの協働で問題に対応していく研究も始まっています。

AI効果

さまざまな分野の研究がありますが、AI研究は常にフロンティアを目指します。そのため「機械ができることは、人間の知能とは関係がない」と考えられ、その技術はAIとは呼ばれなくなります。これをAI効果と言います。

昔はプログラミングもAIでしたが、今やプログラミングをAIと呼ぶ人は誰もいないでしょう。同様に「チャットボット」などの自動応答システム、「経路探索」などの推論システムは、AIと取り沙汰されずにビジネス領域ですでに実用化されています。AI研究の成果は、私たちの社会に一般的に使われるまでに浸透しているのです。

AI研究のフロンティア

人間の知能の定義のしかたや計測方法そのものを考え出すことがAI研究の醍醐味であり、フロンティアでもあります。

前のページではさまざまな研究分野の紹介をしましたが、現在のAIブームのけん引役である「学習」するAIは、確率・統計的に物事を認識、判断しています。つまり、AIが意味を理解しているわけではありません(☞3-4)。「機械が意味を理解できるのか」(シンボルグラウンディング問題(☞2-2))は第二次AIブームからの宿題となっています。

また、AIのブラックボックス問題(☞2-7)を解決するためには、AIの内部で何が起きているのかを説明する必要があります。これに関しては、AIの判断を人間が頑張って解釈できるものとできないものとがあります。

たとえば、アルファ碁は、囲碁という限られた範囲ですが、人間が積み重ねてきた知の体系を凌駕してしまいました。これに対して、AIが打った手の意味を「人間が今までの知識の体系の中で理解できる範囲に」落とし込んで「理解」しようとしています。

しかし、現実は碁盤よりもはるかに複雑です。医療や軍事などの特定の分野において、私たちがAIを適切に管理し利用するためには、人間が理解可能な形でAIの内部構造を説明する技術が必要となります(☞3-3)。このような技術もAIの最先端研究のひとつです。

汎用人工知能への挑戦と懸念

「知とは何か」を考えるのがAI研究ととらえた場合、私たちが現在考えているのとは別の「知識の体系」などもありうるかもしれません。現在「説明不可能」と思われているものも、私たちが現状で「理解できていない」だけかもしれません。

フロンティアの研究の中には、ひとつのAIが複数の分野で活躍し、問題を自主的に設定して解決できるような汎用AIの構築も含まれています。現在のAIは、人間が与えた特定の問題解決に特化した作業しかできない特化型AIと定義されています。人間のような汎用性がAIにあれば、人間がいちいち問題を設定しなくても、自ら問題を設定して解決できることが期待されます。

少しSFめいていますが、汎用AIが実現されれば、人類にとって非常に有益になります。汎用AIを適切に管理できれば、人類は、新たな知の扉を開けることになるかもしれません。この場合、「知とは何か」を探求するAIの研究分野はますます拡張していくでしょう。

一方で、人間の知を超えてしまった「スーパーインテリジェンス（超知能）」ができてしまった場合の懸念も研究されています。

人類とAIの関係が変わると言われている技術的特異点（シンギュラリティ）は、はたしていつか来るのでしょうか。

自律型致死兵器への懸念

汎用AIや超知能は「まだ見ぬ技術」ですが、だからといって問題を考えるのを先延ばしにしてよいわけではありません。

「まだ見ぬ技術」として、現実的に懸念されているのが自律型致死兵器システム（Lethal Autonomous Weapons Systems：LAWS）です。LAWSは、人間の関与なしに自律的に攻撃の標的を設定できる兵器のことです。まだ現存しない兵器ですが、もし実現したら人類社会に壊滅的な影響をもたらすだろうということで、国連の特定通常兵器使用禁止制限条約（CCW）の枠組みを中心に、2014年ごろから開発を禁止するための議論が始まっています。日本の外務省もCCWの議論には参加しており、LAWSの開発を行わないとの立場を表明しています。

しかしすでに、軍事研究においてはドローンをはじめとしてAI技術が使われ始めています。攻撃からの防御は人間よりも機械の判断が速いため、AIシステムによる防御・防衛システムなどを導入している国もあります。防衛に基づく攻撃が自律的に行われる場合、それはすでに部分的に自律型の兵器と言えるのではないでしょうか。

このように既存の兵器との関係性や国際法上の位置づけ、攻撃時の責任の所在など、AIの軍事利用に関しては課題が多いものの、LAWSの定義自体が定まっていないために、難しい議論が続いています。

第3章

AI技術の課題を探ろう

良質で大量なデータの不足、AI のブラックボックス問題、
偽情報などの課題に関して、
AI は技術的に対応できるのでしょうか。
本章では、AI の「学習する」という特徴を考慮に入れた
研究の最前線を紹介します。

3-1

AIシステムの作り方：料理にたとえて考えてみると……

現在のAIは、現実世界の複雑な問題にも対応できるようになってきました。しかし、技術や環境が整えば、すぐ使えるというものではありません。「目的が明確なのか」「データがあるのか」「下準備などが終わっているのか」「AIができることとできないことに対する理解があるのか」などを、技術を作る側だけでなく使う側も把握しておくことが必要です。

①大雑把なリクエスト

「我が社の業績を上げるAIシステム作って」こういう大雑把なリクエスト、最近はさすがになくなったかもしれませんが、目的設定をしないと、適切なAIシステムは作れません。

AIは目的達成の道具でしかなく、できることにも限りがあります。使う側が目的を明確化して絞り込む必要があります（☞2-5）。

②材料があっても使えなければゴミ

「データはあるんです！」と言って、紙資料やPDFを渡された場合、まずはそれを機械が読み込める状態に変換（下準備）する必要があります。また、そもそもそのデータが作りたいシステムの目的に対応をしているのかを確認する必要があります。

④料理そのものへの誤解

深層学習は、確率的、帰納的なシステムであるため、常に最適な結果や同じ結果が出ることを保証できないという特徴があります（☞3-2）。また、精度は良くなったとしても、中身がブラックボックス化してしまうなどの課題があり（☞2-7）、使う側はこのことを理解する必要があります。

③下準備や計画への無理解

適切なデータがあれば、すぐシステムを構築できるわけではありません。データが他者のプライバシーを侵害していないか（☞4-8）、量が十分にあるか（☞3-2）、偏っていないか（☞4-3）などを吟味する必要があります。場合によっては加工したり、新たなデータを取得しなければなりません。

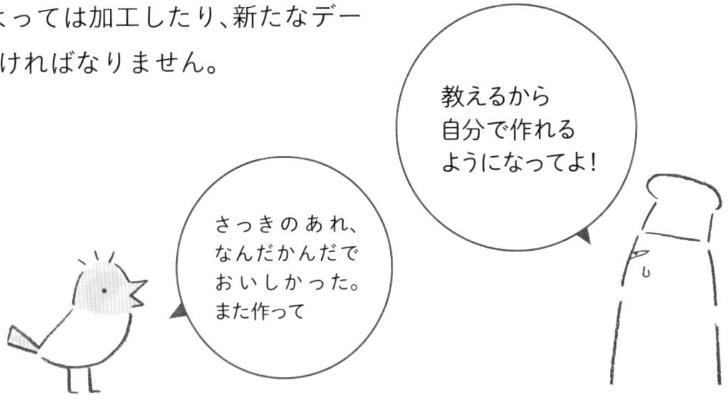

品質保証

**機械学習は、確率や統計を基礎としています。
目的に合った質の良いデータを使えば正解率や精度の確率は上がり、
変なデータが紛れ込んでいれば、確率は下がります。
データの量と質を良くするのと同時に、定期的に結果と目的が合致しているかの確認が必要です。**

学習を続けるAI

機械学習では、認識や予測結果の確からしさは「何%」という確率で表示されます。この確率は、どのようなデータを入力として学習したか、どのようなアルゴリズムを用いるかによって変化します。

AIが「学習」するということは、目的に合った出力結果が出るように、AIが自動的に調整することを意味します。では、どこまでの正解率（Accuracy）や精度（Precision）が認められれば学習を止められるでしょうか（☞2-5）。

人間が最終的に判断するから、AIは6割程度の精度なら良いとする場合もあれば、9割以上でないと使いものにならない場合もあ

間違ったデータの追加学習?!

るなど、利用状況に応じて求められる精度は異なってくるでしょう。

学習を続けるAIは、学習するたびに前のAIとは違う判断をするようになります。つまり、常に最適な結果や同じ結果が出ることを保証できないのです。

一方、実験的には、常に学習し続けるAIも開発され、使われています。一般公開されたAIに対して、開発者が思いもよらない入力データを利用者が与えてしまい、問題が起きてしまう事件もありました（☞4-7）。

過学習

AIの学習にはデータが不可欠です。このデータに問題があったとき、最適な結果を出せなくなる現象が指摘されています。

たとえば､少ないデータで学習させたとき、外れ値的なデータが含まれているとき、複雑な問題を解かせようとしたときなどに問題が起こります。与えられた学習データに、過剰に適合させようとする過学習と呼ばれる現象です。過学習が起きた場合、「すでに学習しているデータの適合率は高いけれど、未知のデータに関しては全然当たらないAIモデル」が作られてしまうおそれがあります。

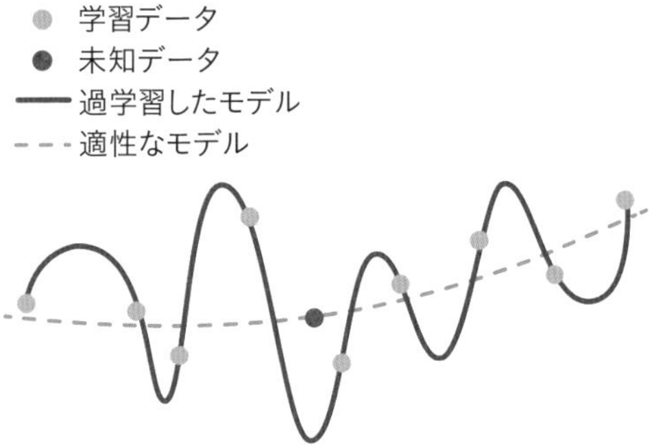

精度とリアルタイム性のトレードオフ

現在、サービスや製品として世の中に出回っているAIシステムは、学習によって一定程度の精度が得られたら、学習を止めて利用されます。学習しなくなることで、極端に異なる結果を出力する可能性が減り、一定程度の品質が保証できるからです。

しかし場合によっては、定期的に学習データを更新し再学習させていかなければ、精度や正解率が落ちてしまう可能性もあります。

たとえば、人々の購買動向を予測するAIシステムを作りたい場合、季節ごとに顧客の購買動向を更新することで、最適な予測をするAIシステムを構築できます。

また、災害時「どの方面に避難すればいいか」「どこに物資を送ればいいか」などの最適化問題を解くためにAIを使う場合は、災害状況の最新データが必要となります。

刻一刻と状況が変わるなか、最新の情報が多ければ多いほど、AIシステムは適切な判

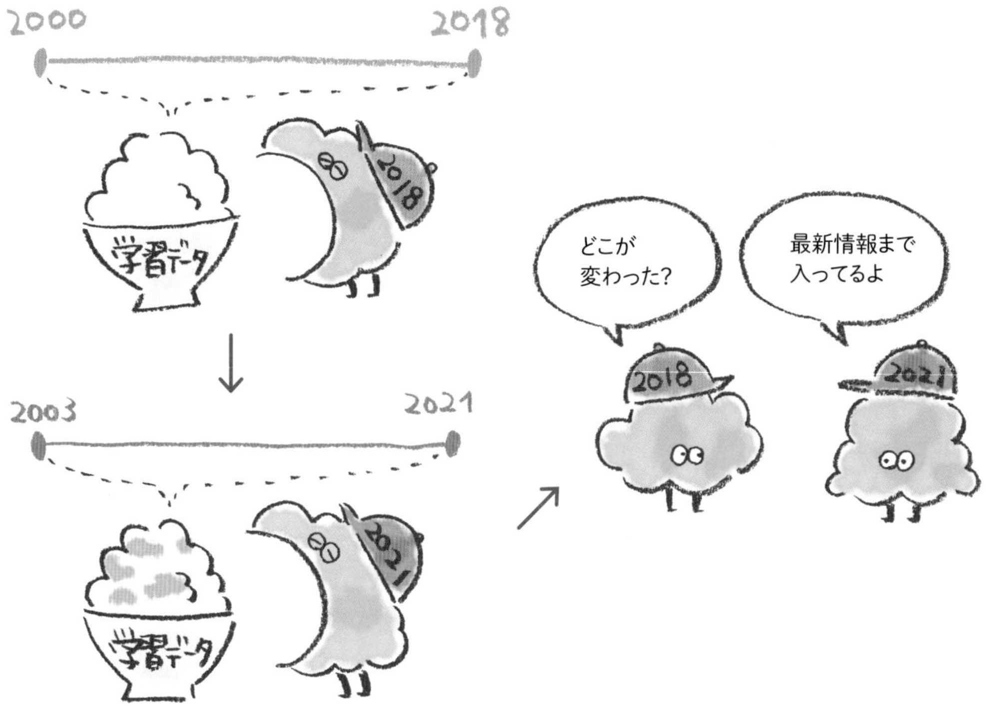

断が下せるようになります。

その一方で、学習頻度や速度を上げ、データやアルゴリズムをほぼリアルタイムで更新していく仕様にすると、システムの正解率や精度を吟味する時間が十分に取れず、逆に問題が生じてしまう可能性もあります。

モニタリングの重要性

AIシステムでは、正解率や精度を維持するためにも、「作って終わり」ではなく、定期的に結果と目的が合致しているかを監視（モニタリング）して運用していくことが重要になります。

グーグル社のように、一社で企画、実装から運用まで行っている企業であれば、即座に変化に対応できますが、日本の多くの企業は開発とサービス提供、サービスの運用を別の企業が行う産業構造になっています。そのため、問題に気づきにくかったり、すぐに問題に対応できなかったりするなどの組織的な課題が指摘されています（☞6-6）。

企画段階

実装段階

運用段階

説明可能性と透明性

深層学習では、何層にも複雑に入り込んだネットワークがあるため、評価や判断の内容を、明確に説明できないことがあります。これがいわゆる「ブラックボックス問題」です。ブラックボックス問題に対抗するため、ブラックボックスの中で何が起きているかを画像や言葉で説明する技術として説明可能 AI（Explainable AI：XAI）の開発も進められています。

判断根拠をハイライトする

画像で AI が重視している特徴を示すことで、AI の判断結果の解釈を人間が行います。

この方法を使うと、もし AI が間違った判断をしていたら、データを再学習させたり、アルゴリズムを変更したりして、修正を行うことが可能になります。

解釈可能なモデルで近似する

ほかのアプローチとして、ルールベースなどで解釈性の高い別のシステムを使う方法があります。ルールベースのシステムでは、中で何が起きているのかが人間に解釈可能です（ホワイトボックス）。

このホワイトボックスの入出力の振る舞いを、ブラックボックスであるAIシステムに近似（マネ）するよう調整します。そうして、その近似システム（ホワイトボックス）の動作を、ブラックボックスであるAIの動作の説明に用います。

しかしあくまで近似であるため、明確な説明ではないとする考え方もあります。

説明可能性とコストのトレードオフ

ブラックボックスになってしまう AI システムに対して、説明可能性が求められています。しかし、説明可能な AI の構築には、コストがかかる場合があります。

医療や採用の判断など人の命や生活にかかわる重要な場面では説明可能性が求められるものもあるかもしれません。

しかし、AI の予測や提案を人間が参考程度にしか使っていない場合、説明可能な AI を構築することにお金をかけるよりも、AI 判断の精度を上げることに費用をつぎ込んだほうがいいこともあるでしょう。目的と利用できる資源、利用者の要望などと総合して AI システムを構築していきます。

求められる透明性

AI がどのように動作するかを技術的に説明するだけでは、人々の不安が払しょくされずに、AI システムの利用が進まない場合があります。

重要なのは、何か AI システムに問題が起きたときに、誰が責任を取るのか、補償はあるのか、人と機械の役割分担や責任の所在がはっきりしていることです（☞ 6-8）。

そのためには、AI システムが説明可能であるという技術的な透明性だけではなく、責任を誰が取るかという法的あるいは制度的な透明性が求められています。透明性を確保することによって、AI システムに対する信頼も確保できるようになります。

人間のほうがよっぽどブラックボックス

人間は説明可能なのか

私たちはAIシステムに説明を求めます。一方、はたして人間の判断や行動理由は透明でかつ説明可能でしょうか？　たとえば、AIシステムではなく人間による人事採用基準は、どのくらい透明で公平でしょうか？

学校での成績や、審査員と同郷であるといった事実、あるいは「話をしていて何か光るものを感じた」といった審査員の直観や独断で採用が行われている場合、人間の判断は機械よりよっぽど曖昧かつブラックボックスとなりえます。

人間のブラックボックスは許されて機械のブラックボックスは許しがたいと思われがちなのは、なぜでしょうか。

説明可能であれば攻略される

機械であれ人間であれ、判断の基準が数値化されると、対策が立てられて攻略される可能性があります。

たとえば、採用AIにおいて「ある単語が入っていると、高評価を下す」などがわかると、エントリーシートにはその単語を含めた記述が増えるでしょう。

人間であれば、あからさまに対策を立てられたら、臨機応変に基準を変えたり問題設定を変えたりできます。しかし機械的に判断するAIシステムに、そのような柔軟性はありません。この点でAIは狙った攻撃に対して脆弱です（☞3-5）。そのため、重要な場面では人間の最終判断が求められます。

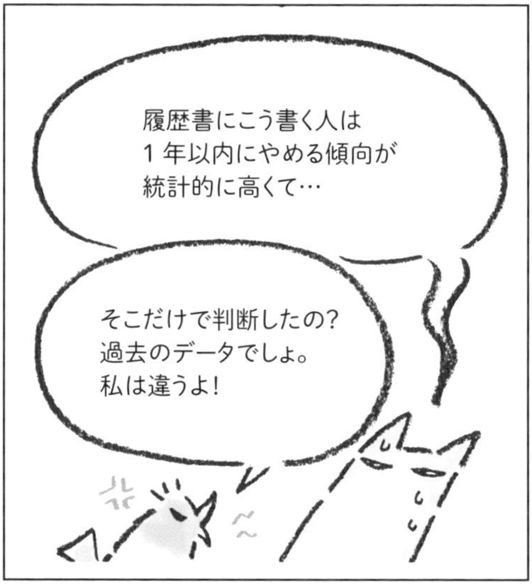

3-4

意味理解と常識

AIの振る舞いに説明が必要なのは、AIが意味や文脈を理解できていないからです。AIには常識がありません。そのため、人間には想定外な振る舞いをすることがあります。これに対して、人間の常識や知識を構造化してAIの学習につなげようとする研究も進んでいます。

AIは何を「見て」いるのか

説明可能AIは、さまざまな方法を使って、AIが何を根拠として認識や予測を行っているのかを解釈しようとしています。

別のアプローチとして、画像を組み合わせることで、機械が本当は何を判断根拠にしているのかがわかることがあります。

下図のうち、AIは、左は81.4%の確率で象（の皮膚）、中央は71.1%の確率で茶色い猫と判断しています。

この画像を合成して作られた右の画像は何かと聞かれたら、多くの人は色や質感ではなく形状に着目して「猫」と答えるのではないでしょうか。しかしAIは63.9%の確率で「象」と答えています。つまりこのAIは、形状ではなく質感や外観をもとに判断していることが、この結果からわかります。

もちろん、質感ではなく形状に着目するように再学習すれば、このような問題は起きにくくなるかもしれません。しかしこのような実験をしなければ、人間には「機械が実際に何に注目をして判断しているか」はわからないのです。つまり左側や中央の「象」や「猫」の画像が正しく判別されていれば、人間は「このAIは正しく学習している」と思い込んでしまうのです。

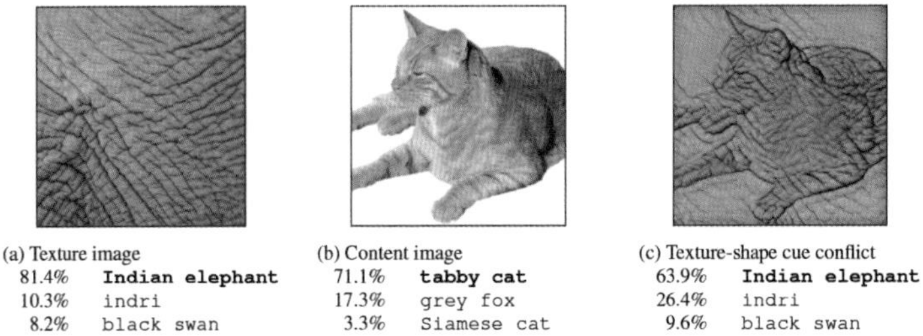

▲画像認識が形状より質感に着目している判別結果※1

AI には「常識」がない

AI には常識もありません。ボートの速さを競うゲームを AI にやらせて、一番速く点が取れるように強化学習させた実験があります。AI は試行錯誤した結果、ボートレースのコース外を走らせることで得点を得る方法を編み出してしまいました。これは、「コース内を走らせる」というゲームの前提を無視した動きです。

なぜ間違えたかを理解する AI

AI は、医療や交通など現実世界のさまざまな場所で使われ始めています。そのため AI には、複雑な社会の状態を的確に認識したり予測したりすることが求められます。

そこで、「間違えた」というフィードバックが得られたときに、なぜ間違えたのかを理解し、同じ間違いに陥らないように、新たに発すべき問いを導き出せる AI を作る研究が、今後、重要になってきます。

このような研究へのアプローチ法のひとつとして、過去の AI ブームで開発されたルールベースや知識ベースの AI 技術と、確率統計が得意な現在の AI 技術、さらにリアルタイムの情報を組み合わせることで、より意味を理解できる AI を作ろうとする試みがあります。

現在の AI 技術では、機械学習や深層学習が着目されがちですが、さまざまな AI 技術を駆使して、より「知的な機械」を目指す研究が進められています（☞ 2-8）。

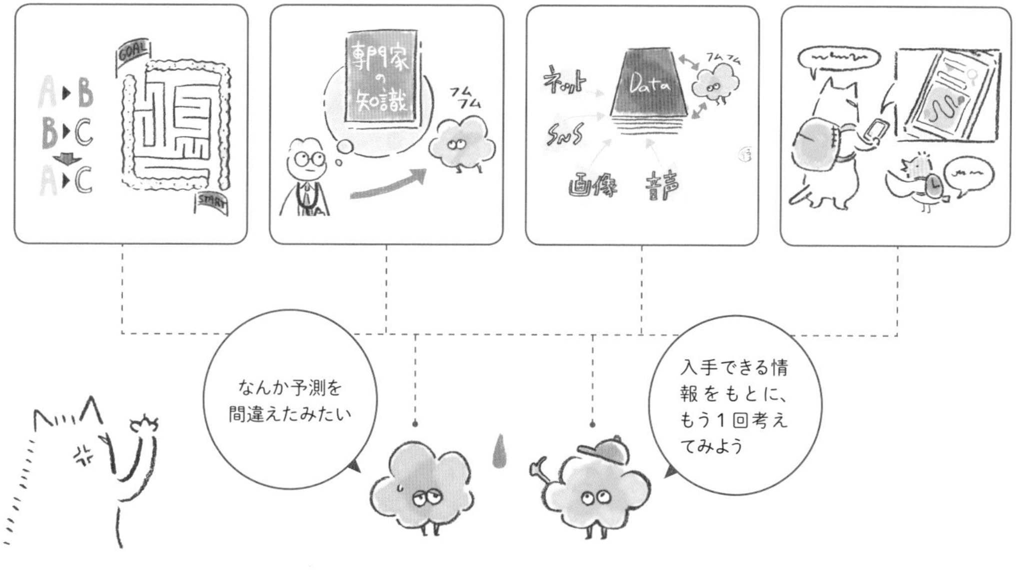

3-5

頑健性

AI システムを作るときは、開発者が品質保証や説明可能性に気をつけるだけでは不十分です。機械は意味を理解しているわけではないので、誤認識したり、だまされたりします。データの質が均一でなかったり、外部から悪意を持った攻撃をされたとしても、それに耐えられるようにして、期待通りの判断ができるようにする必要があります。このような不均一性や攻撃に強い性質を頑健性と言います。

AI のだまし方

AI の学習するという特徴に着目しただまし方があります。ここでは、敵対的攻撃（Adverserial Attacks）と呼ばれる方法を紹介します。

次ページの左側の画像は 57.7% の確度で AI に「パンダ」と認識されます。この画像に中央の画像を 0.007 倍に薄くした画像を加算して、右側の画像を作成します。中央の画像は、パンダの特徴を無効化し、テナガザルの特徴を最大化する計算をさせる特殊な画像です。

人間が右側の画像を見ると「少しぼやけたな」と思うくらいでしょう。しかし、AI の場合は、加算された中央の画像の影響を受け

それぞれのだまし方

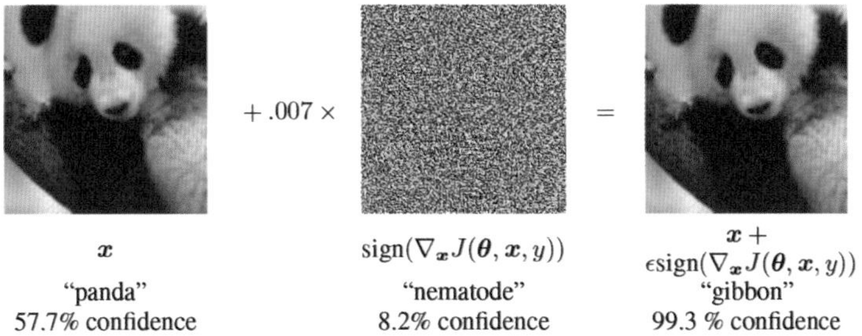

▲パンダの画像（左）にノイズを加えることでテナガザル（gibbon）の画像と誤認識させる[※2]

て、右側の画像を「99.3%の確度でテナガザル」と認識してしまうのです。

■ AIと人はだまされ方が違う

このようなことが起きるのは、AIが画像を認識する方法が人間と違うからです。人間の目、さらに言うと脳は多少のノイズがあっても、それを除去するなどして部分的に補足し推測します。この補正機能は、逆に人間をだますときにも使えます。下の漫画にあるように、缶詰と一緒にあるのは缶切りだ、という思い込みが人間（や猫にも？）にはあります。

■ さまざまなだまし方

一方で、AIは画像を認識するとき、ローラー作戦のように、右上から左下まですべて

均等に眺めて全体を把握してパターンを探します。そのため、人間の目には見えないノイズも平等に計算に入れてしまい、結果としてだまされてしまうのです。

「画像全体にノイズをかけなくても、画像の一部分に特徴を無効化させるシールを貼るだけでAIをだますことができる」研究も発表されています。

AIをだますことで生じる混乱

「パンダ」を「テナガザル」であるとだますくらいであれば大きな問題はないかもしれませんが、AIは現実世界のさまざまな場所で使うことが想定されています。

そのうち、AIへの攻撃が社会的に大きく影響を持ちそうなのが交通システムです。下の図は、「止まれ」の道路標識を「速度制限」とAIに誤認識させている場面です。「STOP」の文字の下に四角いシールが貼られています。自動運転車などが公道を走るようになったとき、道路標識に小さなシールを1枚貼るだけでこのような誤認識を起こせることは、実社会にとっても脅威です。

▲止まれ（stop）の標識を、速度制限（speedlimit）の標識と誤認識する[※3]

これに対して、敵対的な画像も含めて学習をするなどの防衛法も考えられていますが、完全に防ぐことはできません。

一方で、「敵対的な画像は読み込む距離や角度が変わると有効ではなくなる」とする考え方もあります。そうすると、車が移動することで標識の大きさや見える角度が変わるため、自動運転に対する攻撃は心配しなくてもいいことになります。

しかし、これに対する反論として、「止まれ」の標識であっても、動いている車がシールの貼られた標識を近づくまでずっと「速度制限45km」と認識している様子を示す研究もあります。

AIに認識されなくする

認識を妨害するといった意図的な攻撃以外でも、環境的な要因によってAIが誤認識をしてしまったり、的確に判断できなくなる事象もあります。たとえば、画像にホコリやゴミが付いていたり、照明の角度によって画像が見えにくかったりするとAIは適切に認識することができません。これも頑健性の問題です。

一方、顔認証技術を使った監視カメラが街頭に多く設置される中、AIの頑健性の問題を逆手に取って、あえてAIに認識されなくする研究も行われています。

下の写真が示すように、左側の人はAIに「人（person）」と認識されていますが、隣にいる人はAIに人間と認識されていません。

▲左側の人は人（person）と認識するが、右側の人は認識されない※4

右側の人は、特定の模様を首からぶら下げることによって、AIの判断を妨害しています。

この技術を応用して、シャツにAIの認識を妨害する模様をプリントしたのが下の研究です。ドラえもんの道具の「透明マント」のようですが、このシャツを着ている人は、人の目には明らかであってもAIには認識されていないことがわかります。

AIに認識されない技術は、デモ活動を行うときに市民活動家たちに使われる可能性がある一方、テロリストなどの手に渡ったらどうなるかなど、さまざまな議論を呼んでいます。

▲中央にいる人は人間と認識されない※5

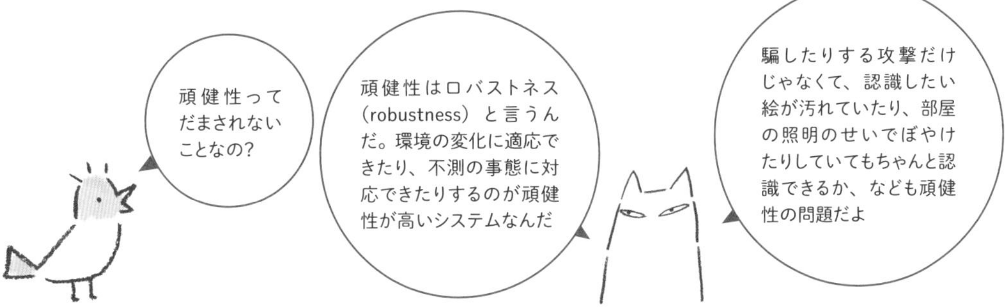

3-6

生成

既存のデータを使って新しい作品を作り出すのも、学習をする機械ならではの特徴です。一方、偽画像や偽情報の生成はディープフェイクと呼ばれ、社会問題化しています（☞ 4-7）。偽情報であることを見抜く研究も進んでいますが、敵対的な攻撃と同様、技術の悪用に関しては後手に回ってしまいがちです。

敵対的生成ネットワーク（GAN）

画像などのデータから特徴を学習し、実在しないデータを生成する手法をGAN（Generative Adversarial Network）と言います。これは教師なし学習の一種です。

GANのしくみは、偽札を作る人とそれを取り締まる警察の攻防にたとえられます。偽札を作ろうとする人は、警察をだましたい。警察は確実に偽札を判別したい。そのため、偽札を作ろうとする人（Generator：G）と取り締まりたい警察（Discriminator：D）の役割をになうニューラルネットワークを作ります。

偽札を作る側は、データの特徴から本物っぽいデータを生成（Generate）します。それを本物か偽物かを警察側が判別（Discrimination）します。その判別をもとに、Gはより本物に近い偽物データを生成するように学習し、D

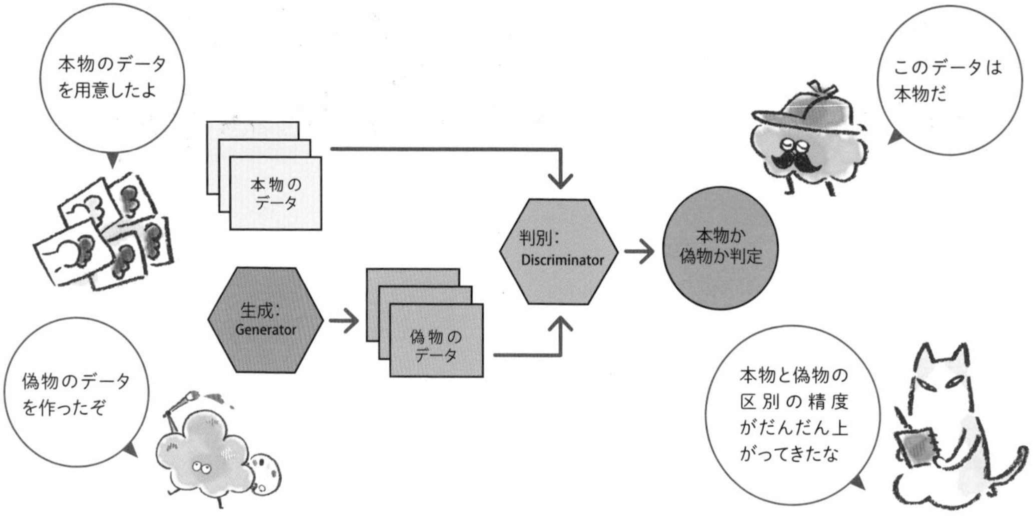

は間違って偽物を本物と判断をしないように学習をしていきます。

この技術には、さまざまな応用事例があります。たとえば、存在しない人の顔や、動物、風景などをかなりの高精度で生成できます。

[応用事例 1：顔の変化]

アプリなども現在作られていますが、年齢に応じて顔を変化させることができます。性別も操作することが可能です。

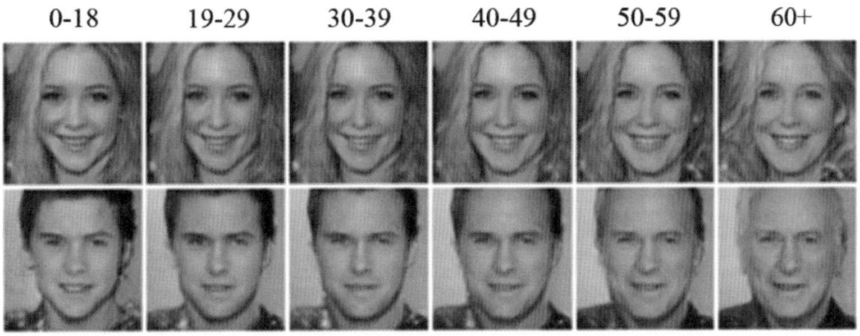

▲顔画像から、各年代に応じて顔を変化させることができる※6

[応用事例 2：文字からの画像生成]

変わった生成としては、与えられた文字情報に基づいて、それに沿った画像を生成する研究もあります。下の画像は、「腹部と足の付け根が黄色、背中と翼が灰色、喉元と首筋が茶色で黒い顔の鳥」という文章から生成された画像です。

▲テキストから画像を生成することができる※7

[応用事例 3：画像の相互変換]

同じ画像でも、写真から絵など異なる質感への相互変換も可能です。モネの風景画を写真風に変換したり、馬の写真をシマウマの写真に変換させたりする研究があります。この研究では、写真からモネ風の絵を作るなど逆方向の生成も行われています。

▲質感の異なる画像に変換することができる※8

文章の自動生成：GPT-3

GPT-3（Generative Pretrained Transformer-3）は、教師なし学習を使って、自然な文章を書き出す自然言語処理の AI です。2020 年に人工知能研究を行う団体である OpenAI が公開して話題になりました。

インターネット上の大量の文章を学習することで自然な文章を生成する技術は前からありました。しかし、GPT-3 は精度がかなり高く、文章生成に特化しています。GPT-3 は短い文章やプログラムのコードを入れると、それに対応する残りの文章を生成します。

GPT-3 では、かなり自然な文章を作れるようになったものの、おかしな文章を書いたり、違う方向に内容が展開してしまったりすることがあるため、人間が適宜修正を入れながら、自動生成をしていきます。

画像や文章の自動生成は、偽物の画像や文章を作成すること、とも言えます。そこで自動生成が悪用されないしくみも、技術と同時に考えていくことが重要です。

GPT-3 を開発した OpenAI は悪用されることを避けるため、最初はだれでもが使えるようにはせず、一部の研究者のみが利用できるように制限をかけていました。

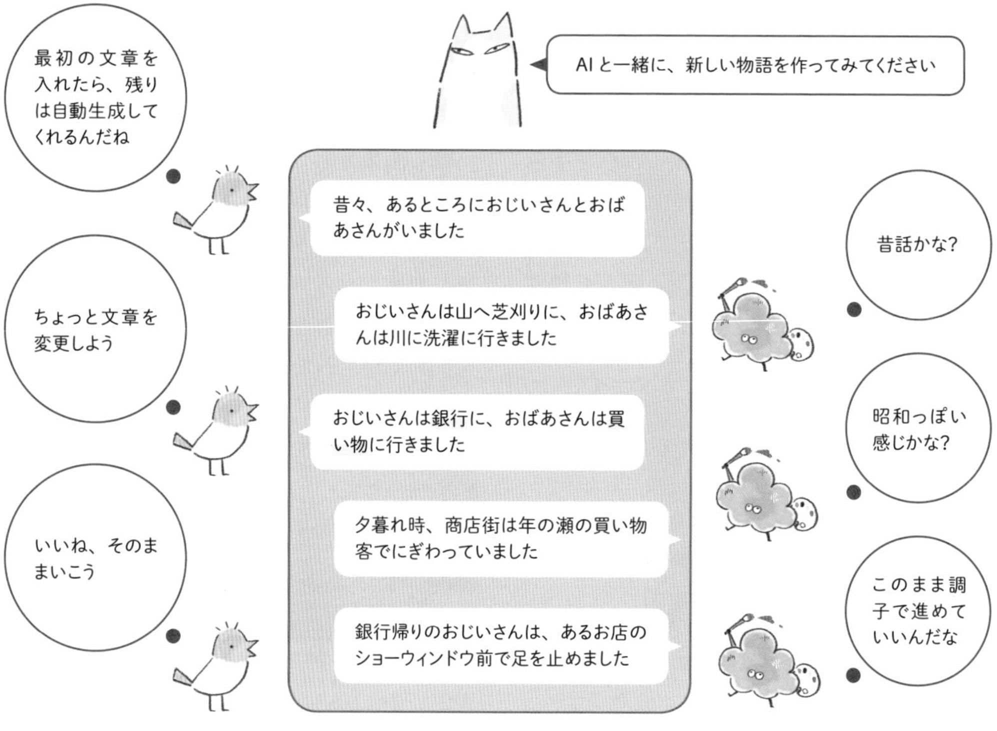

ディープフェイクとその見分け方

さまざまな画像や動画が生成される中、有名人が言わなさそうなことを言わせるなどのフェイク（偽）動画が問題になっています。深層学習（ディープラーニング）を使って作ったフェイクをディープフェイクと言います。

たとえばオバマ前大統領やフェイスブックCEOザッカーバーグ氏のフェイク動画が作られました。このような動画は一見して本物と見分けがつきません。そのため見た人がだまされて、国の選挙や株価動向に影響をもたらすことが懸念されています。

■ ディープフェイクを見分ける

GANで生成された偽の画像や動画を見破る方法も模索されています。下の画像はGANを用いて実在しない架空の人物を作り出すウェブサイト、thispersondoesnotexist.com（この人物は存在しない.com）で生成した画像です。

このウェブサイトは顔画像生成に特化しているので、生成された顔画像は、背景がぼやけたり、変なものが合成されて映り込んでいる場合があります。また、合成した画像での服装や眼鏡、アクセサリーなど小物の形がいびつだったりすることもあります。下の自動生成された画像にも、どこかしらおかしなところがあります。偽動画では、人が不自然な瞬きや動きをすること、照明や影が不自然なことがあると指摘されています。

しかし、「偽物」と言われても人間の目には見分けがつかないものも多いため、見破るのが難しい問題ともなっています。

そこでディープフェイクに対しては、本物か偽物かを判定するアルゴリズムが研究されています。たとえば米国防総省の研究機関がメディアの犯罪捜査事業のひとつとして偽動画検出の研究に助成を行うなど、技術研究としても関心が高い分野です。

▲ thispersondoesnotexist.comで生成した画像

転移学習

AIには大量の質の良いデータが必要ですが（☞3-2）、現実には、
「大量のデータが用意できるのか」「教師あり学習の場合、正解データを大量に作ることができるのか」「データを大量に持っている大企業が有利なのではないか」などさまざまな課題があります。
これに対応する研究として転移学習を紹介します。

転移学習

AIモデルの一部を移し替え（転移し）て利用する機械学習を転移学習といいます。

すでに学習されているAIモデルから、共通で使える部分だけを切り取って、新たに解きたい課題に特有の部分だけを学習させることで、データの量やコスト、学習時間を削減して、効率的に学習ができます。

ニューラルネットワークは層構造になっているため、このような方法をとることができます。

ただし、転移学習も過去データからしか学べないことに注意が必要です。新たに学習させるデータを提供しているので忘れがちですが、過去に学習したものとは異なる新しい何かを作り出しているわけではないのです。

既存の学習データやニューラルネットワークの層に存在するデータの偏りは引き継いでいることも頭に入れておく必要があります。

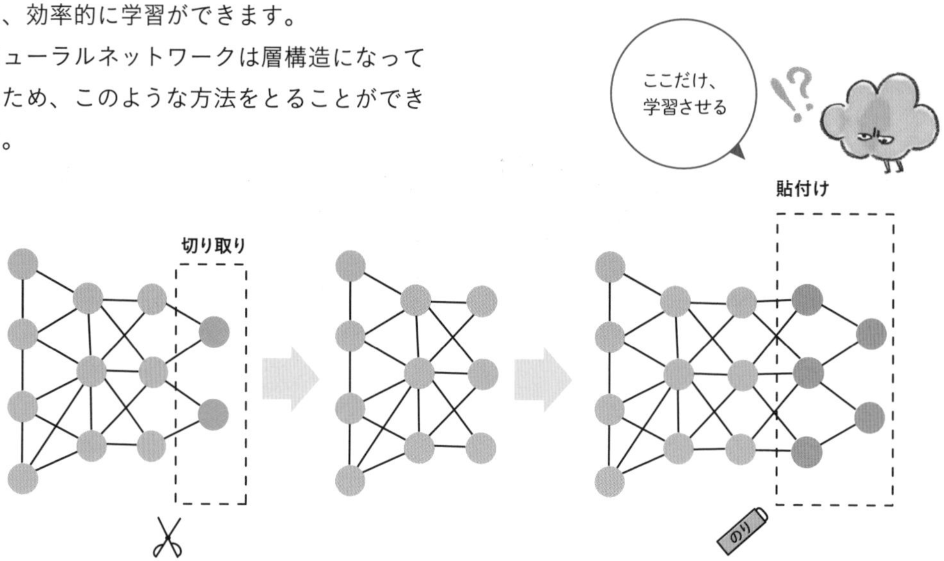

column

手塚治虫プロジェクト

GAN と転移学習を組み合わせた事例として、「TEZUKA2020 プロジェクト」で作られたキャラクターがあります。

このプロジェクトでは、手塚治虫が作るようなキャラクターを GAN を使って生成するために、手塚作品に登場する人物の顔をすべて切り出して AI に学習させました。

しかし、作られた画像には手塚治虫らしさの片鱗はあったものの、顔のバランスがゆがんでいたりするなどして、「人間」らしさがありませんでした。その理由のひとつとして、手塚治虫作品のキャラクターは人の顔の正面絵が少なかったことが挙げられます。

そこで開発プロジェクトチームは、「そもそも漫画は人間の顔を 2 次元化したものなのだから、人間の顔の構造を実写画像で先に学ばせてから、手塚漫画を学ばせよう」と考えました。

そこで 3 次元の人間の顔写真を学習させた AI に、手塚治虫作品を切り取った 2 次元の顔データを転移学習させたところ、人間の顔らしいものが生成されました。

GAN と転移学習、2 つの技術を使って、AI が手塚治虫を学習した新作キャラクターは作られました。

▼「TEZUKA2020」プロジェクトのキャラクター生成

GAN のみ

転移学習と GAN の組み合わせ

出典：https://tezuka2020.kioxia.com/

3-8

AI の民主化

誰でもが AI を使えるようにすることを、AI のオープン化あるいは民主化といいます。
初心者から上級者まで、機械学習コミュニティでは、さまざまな情報共有の場所があります。
AI が民主化されることで参入障壁が下がり、一部の巨大企業だけではなく、
個人やスタートアップ企業でも新たな研究やサービス提供ができるようになります。

■ 授業や研究論文

オンラインに公開されている講座で、機械学習に関する授業も多くあります。また、最先端の論文の多くが無料公開されています。

■ 開発ツール

機械学習で認識や予測をしたいとなったときに、使えるツールも無料公開されています。画像認識や自然言語処理など、目的に応じて使い分けます。

■ データ

機械学習にはデータが必要です。人口や金融などの統計データは、政府や研究機関が無料公開しているものが使えます。画像や言語、位置情報などに特化したデータセットもあります（☞ 4-3）。

■ コミュニティ

機械学習を題材としたコンペティションがいくつか実施されています。参加者が構築したモデルは公開されており、意見交換の場ともなっています。

■ クラウドサービス

大量のデータを保管したり、高速計算をするサーバーを、必要な分だけ無料あるいは安価に使うことができます。初期費用がかからずに開発環境を整えることも可能になっています（☞ 2-1）。

第 4 章

AI技術が引き起こす 社会の課題に気づこう

AI がもたらす社会課題は技術だけでは解決できません。私たちの社会の不平等や差別が技術に埋め込まれているからです。本章では、AI が鏡として映し出すさまざまな社会問題への対策を、技術と社会の両面から考えます。

4-1

迷探偵AIの事件簿

**AI はデータやアルゴリズムを使って認識・予測・生成・会話ができます。
しかし、複雑な社会では、AI はときどき「迷」探偵になってしまいます。
そのため、AI を使うことで不利益を被る人がいる構造になっていないか、
悪用される恐れはないか、などについて社会規範や制度との相互作用を考える必要があります。**

CASE1：誤認逮捕

2020 年に顔認証システムの誤判断でアメリカのミシンガン州で黒人男性が誤認逮捕されてしまいました（☞ 4-3）。

認識

CASE2：フェイク動画

有名人の偽動画を作ることで選挙活動を妨害したり、名誉棄損したりすることが起きています（☞ 3-6、4-7）。日本でも 2020 年にフェイクポルノ動画作成で逮捕者が出ました。

生成

CASE3：予測と差別

　アメリカでは犯罪者の再犯可能性予測システムが裁判所で使われていますが、白人よりも黒人の再犯率を高く出すことが問題になりました。そのほかにも、採用判定 AI が女性を低く評価することも問題になりました（☞4-4、4-5）。

CASE4：差別発言

　アメリカでは、チャットボットなど会話ができる AI が、特定のグループの人たちに対する差別発言をして、問題になりました。

　ヘイトスピーチに対しては、速やかに削除するようにする法案などが各国で要求されています（☞4-7）。

問題が起きる理由

そもそも AI を設計する人の視野にも偏りがあります。そこが解決されない限り、
人間の活動や考えを設計やデータに落とし込んで作られる AI による差別や偏見は決してなくなりません。
AI は人間社会の鏡なのです。

迷探偵AIになってしまう 4つの理由

①データの偏り

　学習データが偏っているために、問題が起きる場合もあります。たとえば、学習データに使うのが成人男性の顔ばかりだとしたら、女性や子供の顔の認識率は下がってしまいます（☞4-3）。

②アルゴリズムの問題

　出力が偏っている場合は、適切なアルゴリズムを用いていない場合があります。たとえば突出した人を探し出したいのに、平均的な人を探し出すアルゴリズムを使っていたら、結果に偏りがでてきます（☞4-4）。

③設計者の偏り

　なぜアルゴリズムの選択を間違ったり、データに偏りがあったりするのでしょうか。それはデータを集めた人やアルゴリズムの設計者が、問題に気がつかなかった可能性があるからです（☞4-4）。

④社会の偏り

　ではなぜ、設計者は問題に気がつかないのでしょうか。それはそもそもデータがなかったり、あるいはそもそも我々の社会全体にすでに偏りがあるからです（☞4-4）。

過去から学ぶ機械の限界

AI は確率や統計に基づく計算が得意です。たとえば、特別な医療やケアを必要とする人たちを AI で試算したい場合、どのようなデータを集めればよいでしょうか。過去に実際に誰がどのくらい医療費を払ったかのデータがあれば、将来的に医療を必要とする人の予測ができます。

しかし、特別な医療やケアを必要とする人が必ず医療やケアを受けているかどうかを疑問視しなくてはいけません。

海外で行われたある研究では、特別なケアを必要とする人を予測する AI のアルゴリズムが、黒人のケアの必要性を大幅に過小評価していたことを明らかにしました。

このような問題が起きた背景としては、黒人の人たちが、そもそも歴史的、金銭的、文化的な観点から医療を受けにくかったことが挙げられます。過去のデータだけを見ていたら、今の社会状況や人々の実際のニーズを見誤ることになります。

これは人種的な問題が根深い国での問題だとも言えます。しかし、日本でも性別や地域、社会経済環境などで、似たような問題が起こりえます。

私たちは多様性のある社会に住んでいます。AI システムを作ったり利用したりするときも、収集するデータの人種、性別、能力、年齢、地域、宗教、社会経済などさまざまな要因を考慮し、その間にある権力関係を意識する必要があります。

鏡よ鏡

権力の問題

「権力」というと、権力者が振りかざすもののように物々しく響きますが、英語で言うと「パワー（Power）」です。権力は、一部の人にのみ優位な観点から、何が正しく何が間違っているかの判断を生み出します。

日本でもパワハラという言葉が使われるようになりました。組織内で立場の強い人たちが、自分の優位性をさらに強めるようなデータやアルゴリズムを選択してしまい、差別が再生産されることが起きています。

そのため、立場的に力のある役職にいる人は、自分自身の「当たり前」を疑う必要があります。しかしこれはいくつもの観点から、とても難しいことです。

無意識のバイアス（アンコンシャス・バイアス）

自分自身の当たり前を疑うことが難しい理由のひとつとして、無意識のバイアスと呼ばれる考え方があります。これは、私たちが自分たちのいるコミュニティが特定の考え方や人たちに偏っていることに気がついていない、自覚していないことを意味します。

つまり、偏った主張をしたり、偏ったデータやアルゴリズムを選んでしまうのは、悪意や意図があるからではなく、ただ知らない、気がついていないだけなのです。

そのため、もし気がつくことさえできれば、偏ったデータやアルゴリズムを修復することができるかもしれません。

4-3

データとデータセット

AI が差別的、あるいは不公平な認識や判断をしてしまう理由として、データの問題があります。問題に気がついたらすぐ修復できる場合もありますが、データも社会的に作られるため、気がついたところで、簡単に修正ができない場合もあります。その理由を考えていきます。

訓練データとテストデータ

認識や予測の精度を高めるためには、適切なデータで学習させる必要があります。このとき、利用できる全データのうち大半を AI の訓練のために使います（訓練データ）。その後、残りを未知のテストデータとして AI に判断させることで AI の認識や予測の精度を確認します。ここで精度がいまいちであれば、データやアルゴリズムを調整して再学習させます（☞ 2-5）。

［事例：誤認逮捕］

訓練データが特定のカテゴリに偏っていると認識や予測精度が落ちます。たとえば白人の顔データだけで訓練すると、テストデータに黒人の顔が入っていても認識精度が落ちてしまいます。

実際 2020 年 6 月に、顔認識 AI が犯人として検出した無実の黒人男性を、警察が逮捕する事件が起きました。このため現在、欧米では顔認証技術を警察機関は使わないようにするべきとする考え方が広まっています。

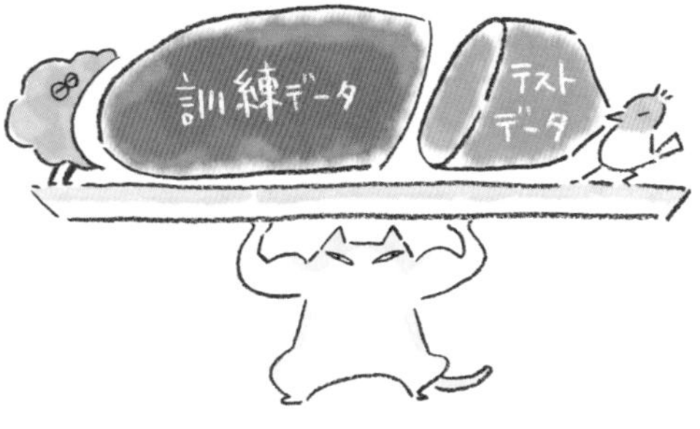

データの偏り修正の難しさ

認識や予測の精度がいまいち、あるいは差別的になってしまった場合、訓練データを見直す必要があります。しかし、そもそも、フレーム問題（☞ 2-2）が提示するように、私たちは、現実世界のすべての情報を取得することはできません。

またデータが稀少で手に入らない場合など、簡単に修正することができない場合があります。たとえば希少疾患や100年に一度の災害などはデータが大量にありません。

さらには、特定の人種や性別の人の顔写真が足りないからといって無断でデータを取って増やすことは、個人情報やプライバシーの問題があるため、できません。

計算コストとのトレードオフ

「質の良い」「すべて」のデータを得られれば、より複雑な計算ができるようになり、精度は増します。しかし、現実的にはそのようなデータを集めるにはお金と時間がかかります。

また、データが多くなればなるほどシミュレーションするための時間もかかるようになるため、計算機も高価なものが必要になってきます。

商用として売られているAIサービスの場合、サービス提供者も利用者もなるべくコストはかけたくないでしょう。そのため、ある程度の精度や正確性が保証されるのであれば、データの不十分さや不公正さは修正しないとの判断が下される可能性があります。

公開データセット

十分な学習を行うためには数千、数万の訓練データが必要になります。鳥の種類を認識したいのに、椅子や机のデータセットを学習させては、まともな判断ができません。

また、たとえ鳥のデータを学習させていても、日本にいる鳥だけを対象としていては、海外の鳥を認識することはできません。

自分で大量にデータを揃えられない人のために、さまざまな機関がラベル付きの手書き文字、動物や日用品などのデータセットを無料で公開しています（☞3-8）。

これは便利なだけではありません。同じデータセットを使うことで、AI の精度や認識の速さを比較できるようになります。画像認識の精度向上の背景には、このような無料で大量なデータセットの存在がありました。

データセットの偏りとその是正

無料の大規模データセットは便利な反面、データセットそのものが差別的だと、差別的な判断を AI も引き継ぎます。

■ データに差別的なラベルが……

2020年にMITは8000万枚の画像があるデータセットを削除しました。このデータセットには、静止画の人物や物体の画像と、それが何であるかを示すラベルが付けられていましたが、女性の画像に「売春婦」というラベルが付いていたり、黒人の画像に蔑称が付けられていたりしました。

世界的に有名な研究機関が公開しているデータセットだからと中身を信頼したくなりますが、8000万枚もある画像をひとつひとつ確認していくことは難しく、2008年の公開から2020年に削除されるまで、このことは問題提起されていませんでした。

■ ネットは社会を映し出す「鏡」か？

データセットに限らず、ネット空間からも、さまざまな情報が取れます。しかし、ネット空間で現在入手できる情報も、リアルな空間を的確に映し出す「鏡」とはなっていません。

たとえばウェブ百科事典のウィキペディア（Wikipedia）は、AIの訓練データに用いられることもありますが、ウィキペディアには女性のエディターが少なく、記述内容が偏っているとも指摘されています。また、掲載されている女性の人数も少ないといわれています。そのためウィキペディアのデータをもとにAIに学習させると、ジェンダー的に偏った学習をする可能性があります。

良いデータとは何か

このように、アルゴリズムだけではなく、データそのものの信頼性についても考えていくことが重要になっていますが、その根本には社会そのもののゆがみがあります（☞4-2）。

たとえば、フェイクニュース（☞4-7）などによって、ネット空間にある情報のほうが、現実よりも歪んでいる可能性もあります。入手したデータが「質の良い」「正しい」ものであることを担保できるかが、精度の良いAIを作るうえでの課題となります。

精度と公平性のトレードオフ

質の良いデータを増やそうとすると、コストと時間がかかります。そこで、今手持ちのデータのうち、公平性に配慮して、たとえば対象とすべき人の性別や人種、能力などの属性を調整して、データを取捨選択していくと、データそのものの数が減ってしまいます。そうすると、必然的に精度が落ちるという問題が生じます。

精度と公平性、どちらを重視するかは、AIの利用目的にもかかわってきます。AIはそもそも100％の精度を保証できないものであるため、常にモニタリングをすることや（☞3-2）、最終的な判断は人間がすること、などのしくみを技術と合わせて考えていくことが重要になります。

アルゴリズムと社会の問題

機械学習は統計学を基礎としているため、過去と未来は変わらないという前提で認識や予測を行います。つまり、現在の社会に存在する差別や偏見も再生産してしまうのです。過去から現在を形作るのではなく、どのような未来を作っていきたいのかを考えるのは人間の役割です。

設計者の多様性のなさ

社会にすでに普及しているデータだけではなく、社会構造そのものに偏りがある場合も問題が生じます。たとえば、テクノロジー業界で働いている女性の数は世界的にも少ないです。また、工学系の有名大学に入学する人は、裕福な家かつ都市部出身者が多いと言われています。このようなテクノロジー業界の多様性のなさも、無意識のバイアス（☞4-2）の形成につながると指摘されています。

アルゴリズムの調整

無意識のバイアスに気がついたとして、どのようにデータやアルゴリズムを調整すればよいのか考える必要があります。

公平の難しさ

2018年10月のニュース
アマゾン社、採用AIの開発を断念。
男性を優先的に採用するAIになってしまったため

履歴書を学習対象にしたら、履歴書に女子大卒とか女子テニス部とか含まれていると評価が下がるAIになったんだって

■ 偏りが再生産される

現実の世界で多様性が増している一方、インターネット上では古い情報が更新されていない場合があります。たとえばイギリスでは現在、ジャーナリストの47%が女性ですが、検索サイトの画像データの女性比率は33%のままだそうです。この古い情報を訓練データとしてAIが学習を進めると、偏りがさらに再生産されてしまいます（☞4-3）。

これはインターネット上の話ですが、現実の雇用傾向も同様です。過去のデータをもとに学習するAIには、既存の社会構造を変革するような提案や判断はできません。

つまりは結局のところ、私たちがどのような社会に住みたいのか、どのような社会的価値を重視するのかを、過去のデータからではなく、人間が設定する必要があるのです。

■ あなたが開発者ならどうする？

もし、あなたが検索エンジンの開発者、あるいは企業の広報担当や経営者で、イギリスの事例のように、現実とネット上のジェンダーバランスがおかしいことに気がついたら、以下のうち、どの行動をとりますか？

1 データ変更にはお金と時間がかかるのと、特に問題も生じていないので、データとアルゴリズムをいじらず、現状のまま維持する（女性33%のまま）
2 現状のジェンダーバランスに合う状態になるように訓練データとアルゴリズムを調整する（女性47%）
3 理想的にはジェンダーバランスが半々になるように、訓練データとアルゴリズムを調整する（女性50%）

データをいじったり、関連しそうな属性とか変数を取り除くと、判断精度が落ちそうだから断念したんだろうね（☞4-3）

性別を指定していなくても、「技術者を採用したい」っていうことが、男性を採用したいってこととほぼ同じになっちゃうんだ

善い社会とは何か

公平な判断をするAIを作るためにはデータセットやアルゴリズムを整備する必要があります（☞4-3）。その際、何を基準にすればよいのでしょうか。

この際、善い社会や善いAIを作っていくという標語が使われる場合があります。では善い（Good）とはどのような状況なのでしょうか。誰にとって、どのような状況が善いのかなど、条件を考える必要があります。

また、公平のほか、平等、公正などいくつか基準となる考え方がありますが、これらの言葉の意味は多様です。

たとえば平等に関しても、スタートラインが同じであるという「機会の平等」と、最終的にゴールしたタイミングが同じという「結果の平等」は異なります。このように、何を求めるかが異なると、選択するデータやアルゴリズムも変わってきます。

■ 平等と公平

平等（Equility）と公平（Equity）も異なります。平等とは、個人的な能力や資源、経験などそれぞれの条件や状況を考慮に入れずに、全員に対して一律に同じような支援を行うことです。その結果、下図に示すように、木の実を取るという恩恵にあずかることのできる人とできない人が生じます。

一方、公平とは、個人の状況や文脈に応じて支援を行うことです。その結果、全員が結果的には同じ恩恵を受けることができます。しかし、特定の人だけがより多い支援を受ける場合もあるので、それがほかの人から見たら「不平等」と思われる可能性もあります。

現在、格差が拡大しているとされているのは、特別な支援を必要としている人（下図の右端）ではなく、すでに恩恵を受けている人（下図の左端）が、ますます恩恵を受けるような社会構造になっているからと指摘されています。

機会の平等／結果の平等

平等／公平

アルゴリズムの公平性や倫理的なAI開発へ

データを集めたり、アルゴリズムを選択したりする基準は、どのような価値や社会を実現したいかに準じる必要があります。

また、機会の平等や結果の平等を実現したいと思っても、データが少なくて難しかったり、コストがかかりすぎて対応できないといった現実的な問題もあるでしょう（☞4-3）。

特に、企業などで、あまりコストをかけないで開発したい場合は、あえて時間やお金をかけてデータやアルゴリズムの公平性を保証しようとする意欲は少ないかもしれません。

■ AIシステムにも求められる公平さ

しかし、AIが医療や採用など、さまざまな場面で用いられるようになっていることから、経済的な価値だけではなく、差別的な判断を是正して公平な判断ができるようなAIシステムを、時間やお金をかけてでも開発していくべきだとする考え方が強くなってきています。これは海外ではジェンダー平等やブラックライブズマター（黒人の命も大切だ）運動などとも連動しています。

現在、国連が掲げる持続可能な開発目標（SDGs）の思想とも共鳴して、AI開発においてデータやアルゴリズムの偏りをなくすこと、そのためにも社会的な価値を多様な人たちと議論していくことの重要性が指摘されています。

倫理洗浄というその場しのぎ

利用者や、研究開発に資金援助しているスポンサーなどが、AIの公平さや倫理に着目しているなか、「AIの倫理的な課題は技術だけで解決できる」とする考え方があります。

今まで紹介してきたように、訓練データやアルゴリズムを変更すれば、AIの判断は変わってきます。そこで、手元のデータやアルゴリズムを変更することで、技術的には問題は解決した、とみなすことを倫理洗浄（Ethics washing）と言います。

この洗浄という言葉はもともとはグリーンウォッシング（Greenwashing）から来ており、本当は異なるのに、環境に配慮しているような装いやごまかしをしている（うわべだけ取り繕って奇麗にしている）ことを意味します。

データやアルゴリズムを変更して、公平や平等となるような判断をすることがなぜ、うわべだけの取り繕いと言われるのでしょうか？　それは洗浄をして問題が一見して解決したように見せることで、背景にある社会問題を覆い隠してしまう事例が多いからです。たとえば、本当に法執行機関などでAIの判断を用いていいのでしょうか？　あるいは、判断が「公平」であれば、監視などの目的でAIを用いていいのでしょうか？

AIは人間社会や人間の権力関係（☞4-2）から切り離して考えることはできず、技術だけではなく、そもそもの目的やデザインも考えることが重要になります。

column

トロッコ問題を考える

トロッコ問題にはさまざまなバリエーションがありますが、典型的な問いは以下のようなものです。

あなたの前には電車の方向を切り替えることができるスイッチがあります。電車がこのまま直進すると線路にいる５人を轢いてしまいます。あなたがスイッチを押して電車の線路を切り替えれば、１人を轢いてしまいます。あなたはどのような行動をとりますか。

人数ではなく老人と子供だったら、自分の知り合いだったら、など条件の違う命の重みを２つ提示され、どちらの命ならば危険にさらしてもよいかの選択を迫ります。

モラルマシーンプロジェクト

トロッコ問題を AI の自動運転に置き換えて MIT が大規模な実験をウェブサイトで行いました。モラルマシーン（倫理的な機械）プロジェクトと称される研究では、次のように問いかけます。

まっすぐ行くと行き止まりなので左右にハンドルを切らないといけないのですが、右に曲がると１人、左だと５人轢いてしまいます。自動運転車はどのような判断を下すべきだと思いますか？

ウェブサイトでは２つの状況が画面に示されて、どちらかひとつを選択すると、次はまた違う条件が出てきます。

MIT の実験では、人数だけではなく通行人の年齢や性別、種別（犬や猫などもあります）、社会的地位などを変更して、参加してくれた人たちの集合知から、一般的な「倫理的価値」を構築しようとしました。結果として 233 の国と地域の人たちから 4000 万件の判断を得ました。

分析の結果、年齢や性別や国にかかわらず、動物の命よりは人間の命、少人数よりも大人数の命を優先するという傾向は共通していた一方、ほかの項目に関しては欧米や日本、中南米で差があったとのことです。

機械は何に基づいて判断するのか知っておく――現実への示唆

この実験では、右か左のどちらにもハンドルを切らずに、自動運転車に乗車中の自分が死んだとしても通行人を救うという選択肢も多く選ばれたそうです。

しかし、いざそのような場面になったときに「自分よりも通行人を救う自動運転車」に乗りたいでしょうか。この問いに対して多くの人が「いいえ」と答えました。

このような思考実験は、人間の倫理観や人と機械の関係性について考え直す機会になります。まさにこれはモラルマシーン（倫理的なことを考えさせる機械）なのです。

現在、自動運転に限らず、医療診断、軍事判断、政治判断など、人間でさえ判断に迷う事例が多くあります。AIをはじめとする機械が、そのような判断のサポートをするようになる可能性は大いにあります。

その際、利用するAIがどのようなデータを学習し、どのようなアルゴリズムで動き、どのような社会像を反映しているのか、私たち利用者は、少なくともその傾向を知っておく機会がなければ、正しく機械を利用することができなくなってしまいます。

悪いデザインを変える発想の転換

私たちは、システムに「ハンドルを右に切るか、左に切るか」と問いかけられれば、「かならずどちらかを選ばなければならない」と考えてしまいます。

しかし、このような苦しい選択を人間に迫るシステムは、思考実験としては重要であっても、現実世界においては「悪いデザイン」としか言いようがありません。

現実的に私たちがやるべきことは、「右か左か」という苦渋の選択をすることではなく、「そのような判断を迫られる状況に陥らないためには、どのように機械を設計すればよいか」と発想を転換することです（☞6-4）。

AかBのどちらを選べというトレードオフは、今までの章でも出てきました。精度としてリアルタイム性（☞3-2）、説明可能性とコスト（☞3-3）、精度とコスト（☞4-3）、精度と公平性（☞4-3）などです。両方を得るための工夫が現在、求められています。

4-5

プロファイリング

私たちは国籍、性別、住所がある自治体、出身校など多様な社会グループに所属しています。そのほか趣味や好きな食べ物などはSNSの投稿やウェブサイトの購入履歴データをもとに分析が可能です。データをもとに個人の行動や嗜好を分析、予測することをプロファイリングと言います。

私とは誰か

初めて会う人がどういう人か、どのように判断するでしょうか。その人個人に特化した情報が手元に十分にない場合、所属するグループの統計情報から推測することがあります。そして統計データに基づいた判断はAIが得意とするところです。

■ 統計的差別

一方でこのような統計に基づいた判断は、既存社会の偏りをそのままなぞってしまうため、社会的な差別を再生産します。

性別や人種、出身地などを直接聞かなくても、ほかの要素と関係がある項目と掛け合わせることで、結果として差別を再生産してしまうこともあります。

巧妙な差別：レッドライニング

下の漫画にあるように、居住区と治安や個人資産、学習到達度などがある程度関連しているとみなされた場合、個人の能力や資質とは関係なく、その地区に住んでいるというだけで、評価されないことも起こりえます。

［事例：再犯リスク予防］

アメリカのある州では過去の犯罪データと照合して、犯罪者の再犯可能性を予測するシステムが使われています。システムの判断に基づいて、裁判官が判決を下します。このシステムが白人よりも黒人の再犯リスクを高評価することが指摘され、システム利用について州最高裁で争われました。判決は、このシステムを使うのは「合憲」でした。

▼再犯リスク

	白人	黒人
再犯率が高いと予測されたが、実際には再犯しなかった率	23.5%	44.9%
再犯率が低いと予測されたが、実際に再犯した率	47.7%	28.0%

ただし、システムはあくまで人間の判断の参考として使用し、人間の裁判官は犯罪状況や個人が置かれている環境などほかの情報も考慮に入れながら考えていくこと、また利用者にもシステムの判決に人種の偏りがあるとわかるようにすることを利用条件としています。

機械には24時間働いても疲れない、大量のデータを読み込めるといった利点があります（☞6-3）。AIを賢く利用するためにも、専門家は、AIのしくみや限界を理解して、使う必要があります。

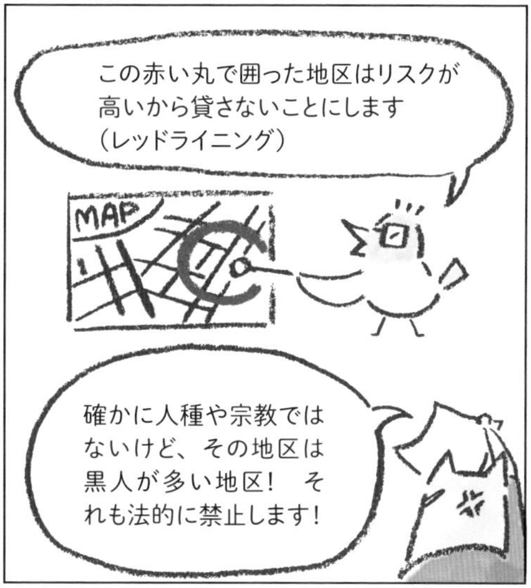

顔認識AIとプロファイリング

プロファイリングに使われるのは統計データだけではありません。顔画像を使って誤った認識をする問題は紹介しましたが（☞4-3）、さらに問題をはらむ事例として、顔画像データをもとに人々のプロファイリングが可能とする研究があります。

■ 顔の特徴から犯罪者がわかる？

たとえば2016年に中国の研究者が、犯罪者と非犯罪者の身分証明写真をAIに学習させることで「犯罪を起こしそうな顔の人」を識別できたと発表しました。これは、人の精神活動が人の体の形に現れるとした「骨相学」に近い考え方です。

骨相学をもとに、犯罪者には生まれつきの特徴があるとした「生来性犯罪者説」は、現在、科学的に否定されています。しかし、大量のデータから分析する新たな科学技術をもとに、このような考え方が出てきました。さらにそれが予防という名目で人々の権利をはく奪するような行動に結び付くことは、人権という観点からはあってはならない行為です。

■ 顔の特徴から支持政党がわかる？

アメリカでは顔の特徴から共和党なのか民主党なのかの支持政党がわかるとする研究も出てきています。

■ 顔の特徴から性的指向がわかる？

顔画像データを分析することで「同性愛者かそうでないか」を高精度で識別できるとする研究も出てきています。アルゴリズムで男性の場合は81％、女性の場合は74％の確率で区別することができたそうです。これは、さまざまな観点で倫理的かつ社会的な問題をはらんでいます。

まず性的指向は、プライバシーの問題であり（☞4-8）、第三者が勝手に暴いてよいものでもありません。ゲイ、レズビアン、バイセクシュアル、トランスジェンダー（LGBT／LGBTQ+）に対して、本人の了解を得ずに勝手に性的指向を暴露する行為をアウティングと言います。日本でも2015年に一橋大学でアウティングされた学生が亡くなる事件が起きました。

また、人によっては隠しているのではなく、意識していない、あるいはどちらでもないという人もいるかもしれません。そのような人たちに対して、AIが判断をしたからという理由で白黒をつけようとする行為にも問題があります。

AI自体の判断の精度は高い場合もあるとはいえ100％ではないこと、また使うデータの多様性や十分性が保証されていないものについては、本事例に限らず機械の判断でプロファイルして決めつける行為は社会的にも倫理的にも問題となります。

■ 感情認識をするAI

顔画像データでは、人々の喜怒哀楽などの感情も高確率で識別できるようになってきています。

感情データはマーケティングなどにも利用価値があるため、感情を認識したり、人々の感情を特定の方向に操作、誘導したりする技術の需要は強くあります。

また国によっては、授業時に学生の顔を認識することで、理解しているのかいないのか、退屈しているのかなどを判別させることで、より効果的な学習を促す実験も行われています。

■ 利用への懸念

しかし、顔認識システム自体が特定の人種や性別に関して精度に問題があることから、公的機関における利用への懸念が生じています。ビジネスや教育の現場においても、人々が「使いたくない」場合は、認識対象から外れることができる（オプトアウトができる）ような制度設計になっているか、などを考慮する必要があります。

また感情の表出のしかたが文化や文脈によって異なることもあれば、感情を操作・誘導すること自体に対して倫理的、社会的な問題がある場合もあります。

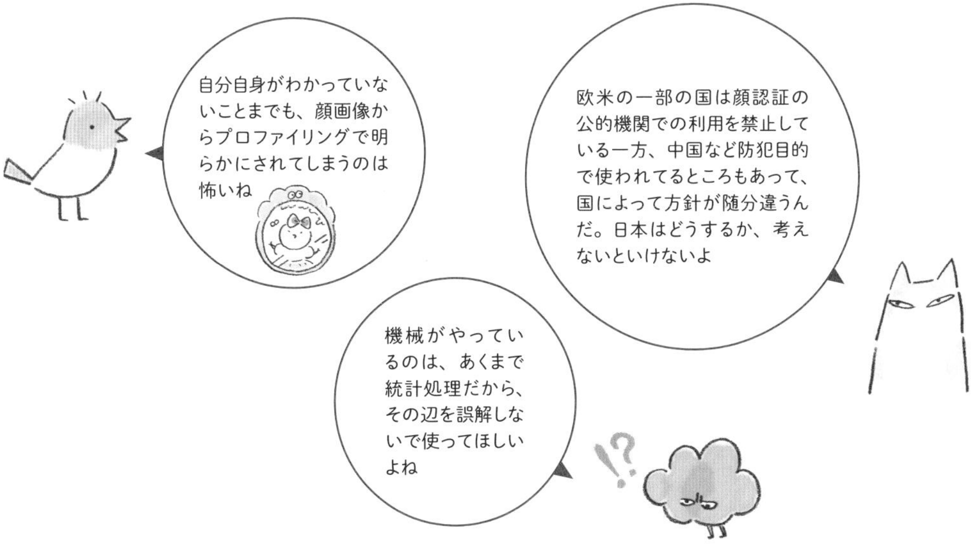

4-6

社会の分断

AI は人々に個別化されたサービスを提供することを得意とします。
しかし、それはほかの情報に触れる機会を奪ってしまうことにもなりかねません。
現在、その状況が SNS などで加速して、社会に分断をもたらしていると懸念されています。
重要な社会課題に関しては、偏った情報が提供されないような工夫も行われています。

あなたにお勧め

何かをネット上で購入したら「お勧め」が表示される経験は、誰もがもっているのではないでしょうか。ニュースサイトも実は、誰にも同じ記事を勧めているのではなく、個人にカスタマイズされて「あなたが読みたいだろうと予測される記事」が上位に表示されるよう、アルゴリズムが調整されています。

「お勧め」というきっかけを作って人々の行動や考えをある方向へ誘導することをナッジ（nudge：そっと押すこと）と言います。

私たちの社会には、さまざまなナッジがあふれていますが、それを可能にしているのが、大量の閲覧履歴や購買履歴を分析する AI です。AI によるプロファイリングをもとにして、人々の考え方や嗜好を予測するだけではなく、操作、誘導することが懸念されています。

フィルターバブル

個人にカスタマイズされた「お勧め」やニュース記事は便利です。しかし、自分と考え方の違う情報や見たくない情報は遮断されてしまい、自分の好きな情報だけに囲まれて生きていくことが可能になってしまいます。

この現象を、泡（バブル）の外の情報はフィルターがかかって見えないということで、フィルターバブルと言います。この問題が厄介なのは、自分自身が泡の中にいることに気がつかず、ほかの人も自分と同じ泡の中にいて、同じ情報を得ているはずだと思い込んでしまうことです。

しかし、実態は一人一人に違う情報を提供することも可能になっています。これがすでに社会の中にある分断を加速させます。

確証バイアス

さらに、人には「見たい情報だけを見る」という傾向があります。これを確証バイアスと言います。たとえ、その情報が嘘であったとしても、自分の考え方に合致するのであれば、信じてしまいます。

自分と同じような考え方や嗜好の人たちに

囲まれて、その考え方や信念が増幅されれば(エコーチェンバー)、あたかもその考えこそが真実であるかのように思えてきます。これによって偽情報が拡散されたり、ヘイトスピーチが蔓延するといった問題（☞ 4-7）も起きています。

[事例：選挙誘導]

アメリカ大統領選では、候補者へのメッセージを伝える媒体としてSNSや動画サイトがよく使われます。メッセージを見た人がすぐにフィードバックするなど反応もわかりやすいため、どのようなメッセージや動画を人々が好むのかなどが調査可能になりました。

そこで2016年の選挙戦では、SNSの利用者の情報をもとに、個人の嗜好や特性をプロファイリングし、その人の考え方に一番沿うような動画が、共和党の広告として表示される実験が行われました(マイクロターゲティング)。

これは、厳密には偽の情報を流したわけではありません。ただ、人によって共和党が発したいメッセージを少し変えただけです。しかし、このような戦略そのものが、価値の対立を激化させ、社会を分極化させたともいえます。

分断を防ぐための工夫

選挙だけではなく、たとえば「ホロコースト」を検索すると、「ホロコーストはなかった」など個人の見解に根差した情報が検索結果の上位に来てしまうなどの事件が起こりました。

そこで検索アルゴリズムは、公平中立であるべきとして、いくつかの技術的な工夫が施されています。たとえば、以下のようなものがあります。

- 選挙や政策など公的な事柄にかかわる情報は、個人のウェブサイトなどではなく、公的機関が発信している情報が検索上位に来るようにする
- 政治的に意見が対立する事件や事故に関する情報は、政府の公式情報や大手の新聞記事が検索上位に来るようにする
- 医療や健康、外交など専門分野に関する情報は、医療機関や国の専門機関などの情報が検索上位に来るようにする

4-7

フェイクとヘイトスピーチ

偏ったデータをもとにして、差別的な情報や偽のニュースが発信されることがあります。
また GAN（☞ 3-6）を使えば、偽の画像や動画を作成することができます。
AI が作り出すフェイクニュースとヘイトスピーチが社会問題化しています。

［事例：チャットボット TAY］

チャットボットはAIを活用した自動会話プログラムです。マイクロソフト社が開発したチャットボットTAYは多くの人とやり取りをして会話データを集める実験でした。

しかし、TAYの学習機能を意図的に悪用して「ヒトラー万歳」など差別的な発言をするように訓練するユーザーがいて、TAYの運用は中止されました。AIの開発側だけではなく、使う側の良識も問われた事例です。

［事例：ディープフェイク］

ディープフェイクとは、ディープラーニングとフェイクを組み合わせた造語です。GANで作られた画像や動画は、パッと見ただけでは偽物と本物の区別がつかないほどです。

ディープフェイクを使って、有名人の顔を使った偽のわいせつ動画を作ったり、政治家や実業家の発言の捏造が行われました。SNSを通じて、画像や動画がすぐ拡散されていつまでも残ってしまう現在、偽動画や偽画像は

傾向と対策（差別の検知）

社会問題となっています。

ヘイトスピーチへの対応

欧州では、偽の情報やヘイトスピーチ（人種、国籍、性別、職業、外見など個人や集団の特徴を誹謗中傷する発言や書き込み）を流すことに対して法律で規制をしています。

インターネット上に投稿された情報が偽であったり、特定の個人を中傷するものであった場合、SNS 事業者などのプラットフォーマー（☞ 6-4）に削除要請などを出します。

ただし偽情報にもさまざま種類があるため、過剰な削除は、検閲や表現の自由の阻害につながるとの懸念も出ています。

一方、技術的な対応も取られています。ヘイトスピーチに関しては、明らかな悪口や差別的な単語を AI を用いて自動検出する研究が進められています。研究の中には、明らかに差別的な単語だけではなく、皮肉や暗喩的な表現にも対応できるような技術も開発されています。ディープフェイクに関しても、偽の画像や動画の特徴を認識して、利用者に警告をするなどの対応が模索されています。

ファクトチェック団体

偽情報を検出するファクトチェック団体は、現在世界に 160 団体以上あります。

機械学習・自然言語処理を利用してファクトチェックする試みも行われています。

AI が SNS から悪い学習をする一方で、SNS 上の問題を解決するためにも AI が使われるなど、AI と社会の関係は複層的です。

4-8

プライバシーと個人情報保護

個人の詳細なデータがあれば、カスタマイズされたサービスが提供できるかもしれません。しかしそれは、個人の秘密や私生活（プライバシー）を侵害することにもつながりかねません。AI システムや制度を用いてプライバシーや個人情報を保護する方法が考案されています。

クラウドとエッジ

クラウド・コンピューティングによって膨大なデータをクラウドで計算できます。

一方、エッジ・コンピューティングはユーザーに近い端末で計算を行うため、計算遅延が起こらないこと、セキュリティやプライバシーが守られるメリットがあります。

クラウド・コンピューティング

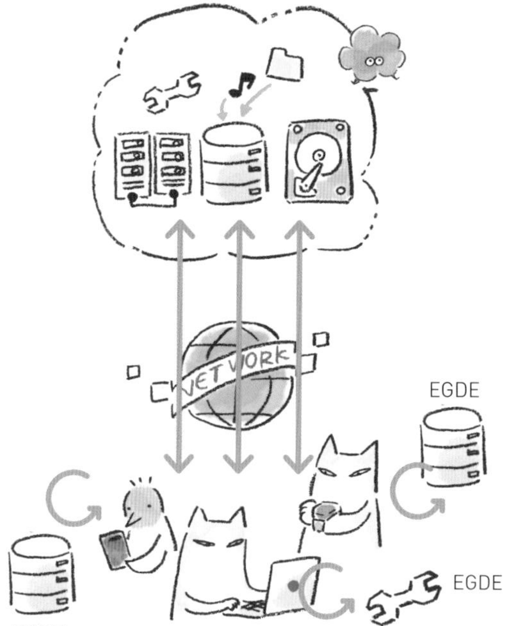

エッジ・コンピューティング

■ 連合学習

エッジ・コンピューティングのような形でAIに学習をさせる連合学習（Federated Learning）という方法も考案されています。

利用者のパソコンやスマートフォンなどの端末に機械学習モデルをダウンロードし、端末に入っているデータを使って機械学習を行います。データは送らずに、変更点のみをクラウドのサーバーに送信すると、ほかの端末からの結果も併せて機械学習モデルを改善することができます。

個人情報

個人情報とは、法律的には名前、生年月日、住所など特定の個人を識別できる情報を意味します。要配慮個人情報など、病歴や信条など特別に取り扱いに注意をしなければならない情報もあります。

インターネットの閲覧履歴や購買履歴、検索履歴、位置情報なども広い意味では個人の情報（パーソナルデータ）になります。

さまざまな個人情報を収集することで、きめ細かなサービスなどを提供できますが、情報を勝手に使っていいのか、情報は誰のものなのか、などについて考えなければなりません。

■ 匿名加工情報

2017年に施行された改正個人情報保護法では「匿名加工情報」という制度が導入されました。個人を識別できないように情報を加工することで、個人の情報の利活用を促進すると同時に、個人情報を保護することが可能になります。

プライバシー権

プライバシーの権利とは、昔は自分の秘密を暴かれない「放っておいてもらう権利」でしたが、現在では、「自分の情報を自分で管理しコントロールする権利」とも言われています。コントロールの一環として、近年ではさらにインターネット上から、自分にとって都合の悪い情報を消してもらう権利（消去権）も重要視されています。

▼個人情報の種類

病歴、信条、人種、犯罪の経歴など
要配慮個人情報

年齢、性別、名前、住所
個人情報

閲覧データや購入履歴、検索履歴、位置情報など
パーソナルデータ

▼情報加工の例

- 名前：削除
- 年齢：56歳　→　50代
- 住所：東京都文京区本郷7-3-1　→
  東京都文京区

※母数が少なくて匿名性が確保できない情報は「その他」に加工してしまう

4-9

セキュリティと安全

サイバー空間上はさまざまな攻撃にさらされています。AI もネットワークにつながったとき、情報を不正に入手しようとする攻撃などにさらされます。
そのため、AI サービスやシステムにもセキュリティ対策を考えなければなりませんが、技術だけではなく組織的、そして人の意識改革が必要になってきます。

誰がなぜ攻撃してくるのか

サイバー攻撃の目的や理由は、興味本位や腕試し目的の愉快犯や金銭目的、さらには国家的・軍事目的などさまざまです。

愉快犯や金銭目的であれば、防御を堅牢にすることで、攻撃のコストが見返りに見合わなくなるので攻撃を避けられるかもしれません。

しかし国家や軍事目的の場合、コストを度外視しても情報を入手したい、攻撃をしたいということもあるかもしれません。

近年はウイルス感染などの攻撃だけではなく、フェイクニュースを流すこと自体もサイバー攻撃とみなされます。

AI とサイバー攻撃

AI は現在、自動運転や医療機器などさまざまなところに使われるようになっています。また、サイバーとフィジカルが融合した空間では、物理空間上で動く AI に対してもサイバーから攻撃が繰り出されることを、注意しなければなりません。

たとえば、自動運転車が制御できなくなったり、真夏に空調が切られたり、すべてが青信号になってしまったりすると、私たちの生活の安全が脅かされます。

AI が私たちの生活に身近になるほど、サイバー攻撃の被害は大きくなります。

■ IoT 機器を狙った攻撃

具体的には、どのように攻撃をするのでしょうか。意外なものを使ってハッキングが可能な事例が報告されています。

2019 年にスマートスピーカーなどに対して、レーザー光線をマイク部分に照射することで、操作が可能という報告がなされました。100 mなどかなり遠く離れた場所から、望遠レンズを使ってレーザーをマイク部分に当てて、電気信号を生成させ、AI が音声を拾ったかのように錯覚させました。

これによって、家のガレージのドアを開けることができたのです。これをライトによる命令（Light Commands）と言います。

サイバー攻撃のアプローチの多様性

サイバー攻撃に対する技術的な備えは重要です。しかし、セキュリティを破ろうとする人は、愉快犯や腕試しをしようとしているのでない限り、技術的に真正面から攻撃してくるわけではないことに注意が必要です。

実は一番付け入られる隙があるのは、人間であるという例が数多くあります。

■ ソーシャルフィッシング

ソーシャルフィッシングとは、人に対して言葉巧みに情報を漏らさせるような会話術です。技術的にどんなに防御が完璧でも、守る人たちの意識が低ければ意味がありません。サイバー空間上は万全であっても、物理空間上での防御がおろそかになっていては本末転倒ですが、人の心理をついたさまざまな攻撃が考えられます。

コーヒーなどを持って勝手知ったる感じの人が「中にいる人に持ってきてくれと頼まれた」と言って、ニッコリ笑ってくるので、うっかり部屋に入れてしまった、などは大きな組織や出入りが激しい組織で使われる手口かもしれません。

また、情報を入手するためならば、セキュリティ対策が万全な企業ではなく、セキュリティが甘そうな下請け企業などを狙う作戦もあります。中小企業が多くサプライチェーンが長い日本では（☞ 6-6）、大企業並みに中小企業がセキュリティにコストをかけられるかといった課題をついた作戦です。

セキュリティ対策

今までのセキュリティ対策は、企業や組織のネットワークの内側と外側を区別して、外側からの不正な侵入を防ぎ、内部にいる人は信用するという考え方でした。

しかし、情報技術を取り巻く環境がより複雑になっている現在、このような従来の考え方では攻撃を防ぎきれなくなっており、新たな対策が求められています。

■ AIによる対抗手段

AIがサイバー攻撃のパターンを学習して対抗するといった研究も行われています。マルウェアの種類など、過去の類似の事例からその傾向と対策をAIが考え出すというものです。

■ ゼロデイ攻撃

開発ツールやデータなど、AIに関するサービスやソフトウェアの多くはクラウドサービスなどを通して利用できます（☞3-8）。

このうち、ソースコードなどが無償公開されており、改良や再配布が自由にできるソフトウェアをオープンソースソフトウェア（OSS）と言い、私たちが普段利用しているAIシステムの多くがこのOSSを利用しています。

OSSは無償で使える代わりに、利用者は自己責任で使う必要があります。そのためOSSにセキュリティ上の問題や脆弱性が発見されたときは、利用者が対応をしなければなりません。直ちに利用者が対応を取らなければ、ハッカーなどに攻撃されてしまいます。脆弱性情報が公開されて対応するまでの間に行われた攻撃のことをゼロデイ攻撃と言います。

準備完了！　後ろガラ空き

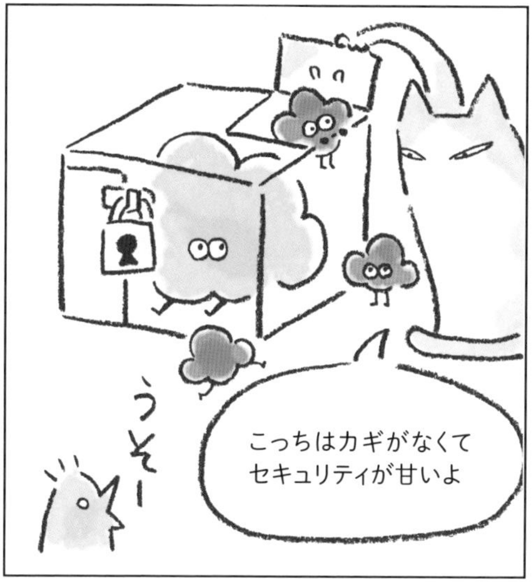

■ ゼロトラスト

オープンソースソフトウェアを用いるようになったり、COVID-19（新型コロナウィルス）の関係で在宅勤務が増えるなど、現在、組織の枠を超えて、人やデータ、ソフトウェアが行き来するような状況になりつつあります。

そこでネットワークの内外という基準で信頼する／しないを分けない、つまり基本的にゼロトラスト（信頼しない）という考え方が注目されています。

ゼロトラストという考え方でセキュリティ対策を行うと、「どこからのアクセスでも認証が必要になる」「最低限の権限しか利用者には与えない」「情報やネットワークに関係する通信をすべて自動で監視（モニタリング）する」などのルールやしくみを構築することが必要となります。

■ スタックスネット

また、「重要なデータはインターネットに接続されていないから、情報漏洩やハッキングのリスクはない」と思っていても油断はできません。

2010年頃、イランの核燃料施設の制御システムを乗っ取ったスタックスネットというマルウェアがあります。このマルウェアはUSBメモリに入っていて、関係者が制御システムにUSBを挿したことで感染しました。このUSBは技術者が集まる会議のお土産として無料配布されたグッズに忍び込まされていたと考えられています。

このように内部の人の手を介して、攻撃的なマルウェアが入り込んでしまう手口もあるのです。

第 5 章

技術と社会のデザインを考えよう

今までの章は、AI 技術を道具として利用する際に生じる問題を中心に扱ってきました。しかし「人間らしい」AI の探求など、人と AI の関係性は多様です。本章では、人と機械の界面（インタフェース）に注目します。

AI システムの作り方：評価と調整

AI システムを作るには、目標にどれくらい近づいたかを評価する必要があります。人によって評価が割れるもの、定量化が難しいものや客観的な評価軸がないものは、誰の基準に合わせて評価するのが良いのでしょうか。また AI 技術そのものではなく、外見やデザイン、説明のしかたによって、評価が変わるものもあります。

友達の声に似せて歌う AI を作ろう！

■ 目的設定

人によって評価が割れやすいものや定量化が難しいものを AI で作るには、誰のニーズに応えるのかを関係者間ですり合わせることが重要です。意見を調整できなければ、製品やサービスは世に出てこられません。

■ データやアルゴリズムの選択

作りたい AI システムの目的に沿ったデータを揃えます。データに偏りがないか（☞ 4-3）、プライバシーの問題がないか（☞ 4-8）などに注意します。また、目的に沿ったアルゴリズムを選べているかも確認します（☞ 2-5）。

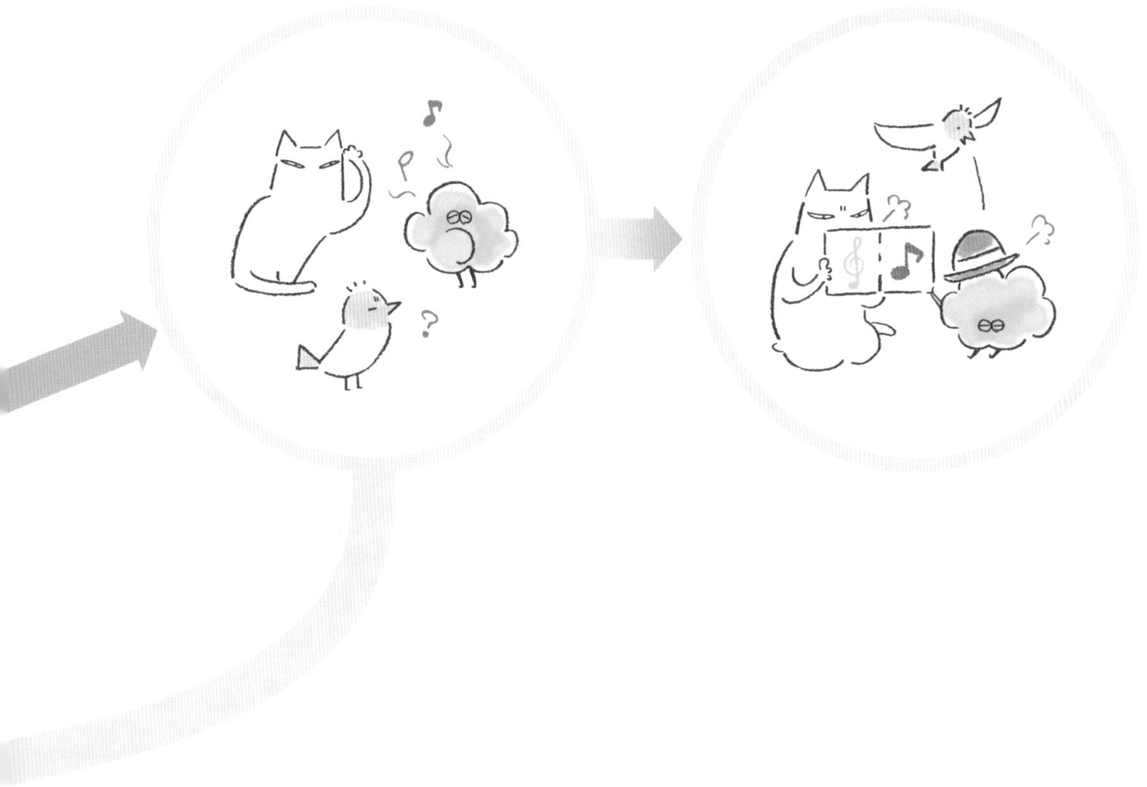

■ 適切な評価者と調整

作ったAIシステムが目的に近いかどうか評価、調整します。技術的にはどんなに精度が高くても、最終的に目的に近づいたかを評価するのは、実際に利用する人間です。そのため定量化が難しいものに関しては、適切な評価者がいるかどうかがカギとなります。

また、実際の利用者にとって違和感がないかがAIを使ってもらえるかにかかってきます。そのため、開発段階から利用者を巻き込んだ調整が重要です。

■ 人と機械の接し方のデザイン

データやアルゴリズムなどの調整をするとき、データの質や量の品質に限界があったり、お金がかかりすぎるなどの問題が出てきます。その場合は、AI以外の技術で補うなどの工夫をします。

また、人によって評価が割れやすいものや評価軸が多様なものに関しては、表現上の工夫をするか、説明のしかたを丁寧にするなど、技術と人との接し方のデザインを考えることも重要になります（☞5-2）。

インタフェースのデザイン

AIを用いて認識、予測や生成するとき、どのようにAIに指示出しをするのでしょうか。さらにはAIを設計や利用するとき、どのような形であれば違和感なく操作できるでしょうか。人と機械のインタフェースを考えることはAIにとって重要です。

インタフェースとは

物事の境界、界面となる部分、接点のことをインタフェース（interface）と言います。情報技術分野では、人が機械を動かすときに操作する部分や接する部分を総称してインタフェースと言います。

■ AIとIA

AIはArtificial Intelligenceの略語で人工知能と訳されますが、IA、Intelligence Amplifier（知能増幅）という考え方がAIと同時期に誕生しています。IAは「人間が情報技術を使って複雑な問題に対応できるようにする」との考え方が基本です。

自律的な汎用人工知能を目指すAIとは異なり、IAは人間の知能を拡張していく考え方です。近年ではAIもそのような方向に進むべきだとして、AIのAをAugmented（拡張）と考えるアプローチもあります。

人間を拡張して、人と機械が融合していくのであれば（☞1-3）、人と機械の間のやり取りがスムーズに行われる必要があります。つまり、インタフェースが重要になってくるのです。

■ デザインによる事故防御

直観に反せずに使えるのが、良いインタフェースのデザインです。一方、操作にあえて余分な動作を加えたり、冗長性を加えるなどわかりにくくするデザインもあります。

たとえばデータ消去にあたって「本当に消去しますか？」と聞かれることは、間違って消去しようとしてしまったときに助かります。このような設計をフールプルーフと言い、「人間は間違えるもの」という前提で設計されています。リスクが高いAIシステムには、あえて冗長なデザインを組み込むことが重要です（☞6-7）。

そのほかにも、人間が間違った操作をしても、安全な方向へ向かうような設計をフェールセーフと言います。自動運転車では制御不能になった場合、走り続けるのではなく停止するといった設計が組み込まれています。

情報機器のインタフェース

私たちがAI、広くは情報技術を利用しようと思うときに触れるもの、見るもの、触るものすべてがインタフェースです。

■ ハードとしてのインタフェース

AI開発や利用には、人間が機械に指示を出す入力装置と、機械側がその結果を表示する出力装置が必要となります。入力装置の代表的なものとしてはキーボードやマウス、出力装置としてはモニター画面があります。

近年では、後述するようにタブレットやスマートフォンのほか、マイクなどのセンサーをはじめとするさまざまな入出力機器が安価で使えるようになりつつあります。

しかし、インタフェースのカスタマイズや種類といった点では、従来型のキーボード、マウスやモニター画面などに多様さや選択肢が多くあります。

インタフェースの特徴として、良いインタフェースであればあるほど、機械との接点を意識させないという特徴があります。一方で、慣れてしまえば、いかにそのインタフェースデザインが素晴らしいかに気がつかないというジレンマもあります。開発や利用環境が変わったりすることで、初めて設計思想やインタフェースの違いが意識されます（☞7-3）。

■ ユーザーエクスペリエンス（UX）

インタフェースと同時に使われる単語としてユーザーエクスペリエンス、略してUXと呼ばれる概念があります。エクスペリエンスとは経験や体験です。ユーザーが何かのサービスや製品を使うときの経験や体験を向上させていこうとする考え方です。

インタフェースデザインとの関連で言うと、たとえばウェブサイトやアプリの色彩やフォントが読みやすかったり、情報機器からの説明が明快であるため説明書を見なくても直観的に操作できるのが良いUXのデザインと言えます。

入出力装置の多様化

タブレットやスマートフォンなどタッチパネルの出現によって、入出力を画面上で操作できるようになりました。また、高性能で安価なマイクやスピーカーなどセンサー類の軽量化・小型化と、音声認識や画像認識の AI 技術が合わさって、機械への指示出し方法が多様になっています。

近年では不特定多数の人による接触を減らす COVID-19 対策の一環として、手で触れずに目線で画面上のカーソルを動かすような技術も開発されています。

音声認識の課題

音声認識技術では、機械を誰もが直感的に操作できることから、問題も生じています。

たとえば、本人が知らないところで音声録音がスタートしてしまい、どこか別の場所に勝手に送信されていたり、独り言や会話を音声認識機器が「指示」と受け止めてしまう事件も発生しています。

音声を使うことでスムーズに機械に指示出しできることは重要ですが、特定の人の言葉以外は指示を受け付けないとすることや、起動のための言葉（ウェイクワード：wake word）を発しないと起動しないなどのフールプルーフのしくみを組み込むことが、インタフェースのデザインとしては必要です。

■ 音声認識 AI としゃべり方の多様性

スマートスピーカーは道具です。そのため、指示出しのしかたが無礼であろうが、丁寧であろうが、機械が気分を害することはありません。むしろ認識精度を高めるためには、短く簡潔に命令口調で指示したほうが認識されやすい場合もあるでしょう。一方で、人間らしい会話を目的とした音声認識 AI には、人間に話しかけるように丁寧にしゃべるかもしれません。また地域的な方言が強い人もいるでしょう。

このように人間の話し方には多様性があります。そのため、さまざまな口調に機械は対応する必要があります。

画像の自動補正

大量の画像データが得られるようになり、AI の画像認識技術が促進しました。しかしその画像に映し出されている人や自然の姿は本当の姿なのでしょうか？

デジタルカメラや携帯電話のカメラには、顔認識機能が搭載されています。顔にピントを合わせたり、笑顔になった瞬間でシャッターを押したり、赤目補正、光の具合から色調補正も自動で行われています。

これは、綺麗に対象を映したいというユーザーのニーズを反映したものです。どのような姿を利用者に見せるかという判断が入る点で、補正具合もインタフェースデザインの一種といえるでしょう。

自動補正技術に慣れてしまうと、補正されていない自分の画像は見たくない、と思われる可能性があります。実際、現在よく使われているオンライン会議ツールでは、美顔補正モードや口紅などメイクをしているように見せかけるような機能もあります。背景をぼやかしたり変更したりする機能も人気です。

■ 補正画像の作り方と使い方

AI による画像や動画の自動生成も身近になってきています（☞3-6)。アプリで年齢や性別を変換することが簡単にできます。ほかにも、10 年前の指名手配犯の顔写真を、現在の年相応まで変化させ、住民に注意喚起することも行われています。

■ 私たちは何を見ているのか？

ここで、もう一度データの話に戻りたいと思います（☞4-3)。データの質を考えたときに、社会そのものにバイアスがあると指摘しました。さらにはフェイクニュースがネット空間上に紛れ込んで、それを AI が学習して、差別や偽情報が再生産される可能性を指摘しました。

文字情報だけではなく、画像や動画も同様です。従来の技術として、髪の色を染めたり、メイクをするなどの技術ももちろんありますが、アプリは簡単に加工ができます。

カメラの自動補正にいたっては、補正されていると意識している人は、ほとんどいないのではないでしょうか。表示された画像は注釈もなく「リアル」な姿を映し出していると思われ、データとして蓄積されます。

現在、蓄積されている画像データは、新旧の加工技術を使って、今の社会の一部分を切り取った断片であると意識することが重要でしょう。

外見や質感が発するメッセージ

モニター上のキャラクター（エージェントやアバター）やロボットの外見や質感も、インタフェースのデザインとして重要です。

人間と協働するエージェントやロボットは、その役割が誤解されないような外見や質感で人間にメッセージを伝える必要があります。メッセージが伝わらないと事件や事故が起きる可能性もあります。

たとえば街中で自律的なロボットが自由自在に動く社会を想像してください。重量が100キロあるにもかかわらず、外見が小型犬くらいのサイズで、動きもゆっくりなロボットが動いているとします。それがゆっくり自分のほうに倒れこんできたら、受け止められると思いこんで手を差し伸べ、怪我をしてしまうかもしれません。

このようなことが起きないように、重いものは「重い」とわかる外見（インタフェース）にすることも重要です。

「重い」と伝わるインタフェースデザインとしてはサイズを大きくすることが考えられます。あるいは触ってはいけないというメッセージを発するために、ザラザラやトゲトゲした質感にする、毒々しい警戒色にするなどさまざまな外見の工夫が考えられます。私たちは社会や自然環境の中で、質量、形状、質感や色などが関係していることを直感的に学習しています。

■ **弱いロボット**

豊橋技術科学大学の岡田美智男教授が提唱されている「弱いロボット」という考え方があります。与えられた仕事を自律的に遂行できるロボットとは違い、「弱いロボット」は、人の助けをあえて必要とする動きをします。

たとえば家庭用の自動掃除機は、部屋の環境を学習して把握、隅々まで掃除をして、場合によってはごみ捨てまでロボットが行います。これによって人間は掃除という家事から解放されます。

岡田教授の作ったSocial Trash Box（ゴミ箱ロボット）はゴミ箱に車輪がついたものです。ロボットがゴミを発見すると、その近くまで移動してゴミの近くでモジモジしています。そのような動作を見た周りの人間の「ゴミを拾ってゴミ箱ロボットに入れてあげよう」という行動を引き起こします。

ロボットの持つ「弱さ」や不完全さが、人間の協力を引き出し、結果としてゴミをなくすという状況を作り出します。

ロボットを、このような外見や動作をするデザインにすることによって、周囲にいる人たちにも、ゴミというのは勝手に消えてなくなるのではなく、人の協力が不可欠なのだということを気づかせます。

ロボットを介してどのような目的を達成したいのか（☞5-3）によってもインタフェースのデザインは変わってきます。

機械を介したメッセージ

今までは人と機械の接点を、人と機械の役割分担、人と機械の融合を中心に考えてきました。しかし、人と機械の関係性を考えたとき、人が機械の中に入るという状況も考えられます（☞1-3）。

■ 自動運転車

わかりやすいのが自動車です。車の中にいる人が、ほかの車の運転手や通行人と「会話」する手段としてウィンカーがあります。ウインカーを点滅させることで、歩行者やほかの車の運転手に、自分がどうしたいのかを伝えます。これもインタフェースのデザインです。

運転席に人がいれば、ウインカーだけではなく身振り手振りで、直接メッセージを発信できます。

しかし、完全自動運転車になると運転席に人がいません。このような状況では、歩行者は自動運転車が何を「考えて」いるのか、わかりません。

事故が起きないようにするためにも、歩行者と自動運転車が接触しないように道路を分けて設計するアプローチもあります。

そのほかにも、自動運転車がウインカーを出すだけではなく、人間にわかりやすいように音声を発したり、文字や画像をフロントガラスや道路に投影させて、コミュニケーションをとるインタフェースのデザインもあります。

文化や制度というインタフェース

良いインタフェースの条件としてわかりやすさや操作しやすさがあると冒頭に紹介しました。この「わかりやすさ」は、自然環境などから直観的、経験的に学習している場合もありますが、そのほかに、文化的あるいは制度的に学習をしている場合もあります。

たとえば「赤は止まれや危険」、「青は進めや安全」といった記号は国際的にも共有され、交通システムに採用されています。

逆に言うと制度的、文化的な記号が共有されていないと、インタフェースのデザインに組み込んでも、メッセージは伝わりません。誰にでもわかりやすい、使いやすいインタフェースのデザインの前提には、共有された知識や常識、あるいは制度的な標準化が必要なのです。

私たちが当たり前と思っていることや、わかりやすい、自明であると思っていることも、異なるコミュニティの人たちにとっては意味をなさないことがあります。インタフェースのデザインだけではなくAIの学習データやアルゴリズムに関しても同じことが言えます（☞4-2）。

5-3

誰がAIを開発し評価するか

**AIを使ったサービスや製品を作るときには、目的が必要になります。
目的を達成するための適切なデータ取得ができるか、適切な人に評価してもらえるかを考えることも、AIシステムの透明性（☞3-3）の点から重要になります。**

AIを導入する必要があるのか

「AI搭載」や「AI導入」など、とにかく「AI」という文字を入れれば注目されるという場面もあるかもしれません（☞3-1）。

しかし、AIには得意分野と不得意分野があります。AI、特に深層学習は過去のデータの統計でしかなく、その判断がブラックボックス化する（☞2-7）という特徴もあります。本当にAIを利用することが適切なのかを吟味する必要があります。

目的があいまい

「ほかの人がすでにやっているから、うちも」という考えがあっても、他人と自分では重視するポイントも文脈も異なります。皆がやっているからではなく、どのような価値を重視したいのかを、自分の文脈や言葉で表現する必要があります。

炎上する AI システム

AI システムやサービス開発にあたって、目的を明確化することは重要です。しかし、特定のコミュニティのみにターゲットを絞り込みすぎてしまい、その他の視点や配慮が漏れ落ちてしまうことがあります。

特に、人々の外見や性別などの属性、権力勾配などに対する無意識なバイアスが入り込んでしまうと、メディアや SNS 等を通した問題提起、いわゆる「炎上」が起きてしまいます。

[事例：リクナビ DMP フォロー事件]

2019 年夏、就職情報サイト「リクナビ」を運営している会社が、学生の内定辞退可能性を予測するスコアを算出し、契約している企業に提供していた事件が発覚しました。このとき、一部の学生からスコア算出に使う個人情報の利用の同意を得ていなかったことが問題になりました。

この事件は個人情報の扱いの問題（☞ 4-8）であると言えます。また就職情報サイトは国内にいくつかありますが、リクナビはかなりのシェアを取っているプラットフォーム企業（☞ 6-4）であることから、学生が利用せざるを得ない状況にあったことも指摘されています。選択の余地がない場合、リクナビの利用を、弱い立場にいる人たち、つまり学生が拒否することができなくなってしまいます。

■ 誰のためのサービスか

リクナビの事例は法的な問題がありました。しかし、より広く考えると、AI システムが誰のために作られたのかが問題視された事件だとも言えます。

就職支援とは、就職したい人と募集している人をマッチングするしくみです。このとき、間に入る企業は、両方の視点に寄り添い、満足してもらえることを目的として掲げます。

しかし実際には、募集する企業側から収益を得ていることから、学生よりも企業側にサービスが向きがちです。このように権力勾配がそもそもあるサービスの場合（☞ 4-2）、システムがほかの誰かを搾取していないかに注意を払う必要があります。そのためにも包摂性や多様性が開発や利用する側にあるか（☞ 7-2）を考える必要があります。

評価者は誰か

目的が明確でも、それを適切に評価する客観的な軸がなければ、目的に近づいているかわかりません。客観的な指標がない場合は、主観的な軸でも評価できる人がいなければなりません。

［事例：故人よみがえりAIの評価者］

2019年にNHKが歌手の美空ひばりさんのAIを作りました。企画目的は、「もう一度会いたいというファン一人一人に語り掛けるような」歌声にすることでした。

目的に沿うために選ばれたのは、「柔」のような力強い歌声ではなく、晩年の「愛燦燦」のような深く暖かい歌声でした。

ヤマハが音声の分析と合成を行い、生成された声は、遺族の方やプロダクション、ファンなどさまざまな方からの評価やフィードバックを得てお披露目されました。

美空ひばりさんのように、公人としてのイメージが共有され、良い音質データもある場合、声の評価は多方面から行えます。

一方、たとえば、私人の知り合いの声を再現したい場合、評価者は依頼者だけという場合もあります。そのときは、技術的に元データの音源に似せられるかだけではなく、依頼者の満足度という主観的な評価が重要になります。依頼者が複数人いた場合、再現したい人との関係性や目的が異なると、全員が満足するAIを作るのは難しいかもしれません。

AIの生み出す作品を評価する

AIが新しい価値や作品を生み出すこともあります。音声や画像だけではなく、GPT-3（☞3-6）など、自然な文章生成ができるようになってきています。AIが俳句や小説を作り出し、人間と同じ基準で評価されるプロジェクトやコンテストもあります。

■ AIは人間の価値観を揺さぶるのか？

AIが作る作品のレベルは、まだ人間に及ばないとする考え方があります。一方でAIが描いた絵が高値で売れる場合もあります。AIが作った音楽が使われることもあります。それは「AIにしてはよくできている」という評価なのか、あるいは作者が誰であろうと、その絵や音楽が評価されたからでしょうか。

AIが実用的な領域だけではなく、真善美などの価値観にかかわる領域に進出する中、人間の価値観や評価はどうあるべきかが問われていると言えるかもしれません。

AIが評価軸を提供する

人間が客観的な評価軸を提供できていなかった領域において、「AIによる評価をもとに基準化できる」とする考え方もあります。

AIはデータ化されていない事象は認識や予測できません。そのため、AIシステムを作るにはデータセットが必要です（☞4-3）。

しかし私たちの社会にはデータ化されていない情報が山のようにあります。たとえば伝統芸能や精神科医療など専門家の経験値や暗黙知が言語化されにくい領域や、農業や漁業など野外でデータが収集しにくかった領域があります。これらの領域では入出力装置の多様化に加え（☞5-2）、屋外の通信環境整備やバッテリー、クラウドでのデータ処理、画像や音声センサーの開発により、データの蓄積ができるようになりつつあります。

専門家の行動・思考データや、物理・自然現象データだけではなく、消費者の主観もデータセットが作られ始めています。流行やファッション、ドラマや映画に対する「かわいい」や「盛り上がった」という評価は、人にとって定義が異なり、客観的に測定がしにくい領域でした。

人々の嗜好や感情は、今までも購買履歴などから近似的にすくい上げることはできていました。それが、現在は大量の主観データをAIに学習させることで、AIによって一定程度の精度で評価軸を提示できるようになりつつあります。

■ ステレオタイプの再生産や評価軸の固定

AIが評価軸を提供できるようになれば、今まで「先輩の背中を見て学べ」や「何回も繰り返していればわかる」といった、がむしゃらな知識の習得法が、合理化、効率化されるかもしれません。一方で技能や評価値の固定化を招いてしまう懸念もあります。

AIの評価に頼りすぎるあまり、「これがかわいいというものでしょ」とか、「こういう作りにすれば感動するドラマが作れるでしょ」というステレオタイプを量産、再生産していく可能性もあります。

■ レッテルやスティグマ

これが人に対する評価にも当てはめられると、ステレオタイプやレッテルが貼られ続ける恐れがあります。今でも、インターネットで買い物をしたときに「あなたへのお勧め」として、類似の商品が表示される経験を持っている方は多いでしょう。AIによる評価が、個人の嗜好だけではなく、保険の査定や裁判などさまざまな重要な場面で使われるようになると、評価の固定化は人権やプライバシーの観点から問題になります。

このようなデジタル・スティグマ（烙印）から逃れるには、別のデータを大量に学習させるか、あるいはシステム管理側に記録の削除要請をする必要があります。自分にとって都合の悪い情報を消してもらう消去権（☞4-8）などは欧州ではプライバシーの権利のひとつとして提唱されています。

5-4

人間らしさの追求

**大量のデータから機械自らがパターンを学習する深層学習は、
機械が自律的に認識や予測、生成をすると言えます。
しかし目的設定と評価をするのは人間です（☞ 5-3）。
人間らしいAIを作るためには、人間らしさを考えるところから始めなければいけません。**

AI制作の目的

今までの章で紹介してきたAIの多くは、医療や採用、自動運転や不良品検知、ゲームなど、よりよい性能や精度を求めることが目的でした。その際、「AIが人間と同じくらいの精度あるいは性能を示すことができるか」が評価軸になっていました。

しかしAIの性能を評価する場合、人間は到達点ではなく、参照点にすぎません。人間との役割分担を考えるのであれば、人間よりも良い精度での認識や予測ができるAI、人間のようにブレないAIを作ることが目的とされる場合もあります。人間とAIの協働を考えるのであれば、人間ができないことをAIに補完してもらうほうが、全体としてバランスもよくなります（☞ 6-1）。

一方、エンターテイメントや介護、教育など、人と機械が接する領域では、性能や精度を人間に似せるだけではなく、外見や技能も人間に似せること、人間らしいAIを作ることが目的となる場合があります（☞ 5-5、5-6）。

■ 人間らしさとは何か

人間らしいAIといっても、その表現形式はさまざまです。わかりやすい人間らしさとして、人間のように会話ができたり（☞ 5-5）、人間のような外見や動作をすること（☞ 5-6）が挙げられます。

そのほかにも、人間が持つ技能や想像力、表現力を機械で再現するAI研究も行われています。お手本となる人がいるときは、その人の技能や表現力にどこまで肉薄できるかが研究の腕の見せ所になります。

■ AI研究としての意義

ある人の外見そっくりになるように、あるいはある人と同じような発言ができるように細かくルールを作り込むこともできます。しかしそれでは「学習する」というAIの特徴を生かしきれていません。

目的やデータ、アルゴリズムは人間が設定しますが、どのように振る舞うか、しゃべるかはAIがある程度、自動的に作り出してこそ、AI研究と言えます。

人間の持つ技能を再現する

有名な故人の作風を再現する、新作を披露するAIが、近年多く公開されています。

■ AI レンブラント

2016年、マイクロソフト社とオランダの金融機関INGグループ、レンブラント博物館、デルフト工科大学などが、オランダの有名な画家であるレンブラント風の新作を発表しました。帽子をかぶった男性の絵にする、など何を描くかは人間が指定しています。
URL:https://www.nextrembrandt.com/

■ AI バッハ

2019年、グーグル社は「ヨハン・セバスティアン・バッハを称えて」というAIを公開しました。バッハが作曲した306曲を解析して、任意のメロディに対してバッハ風の音楽を自動生成するツールで、実際にパソコン上で動かしてみることも可能です。
URL:https://www.google.com/doodles/celebrating-johann-sebastian-bach?hl=ja

■ AI 手塚治虫

2020年、手塚治虫プロダクションとAI研究者が協力して手塚治虫が作ったキャラクターとストーリーをもとにした手塚治虫風の漫画が雑誌モーニングに掲載されました（☞3-7）。
URL:https://tezuka2020.kioxia.com/

人間の表情やしぐさを再現する

人間の表情やしぐさを再現するためには、3次元的なデータが必要になります。モーションキャプチャなどを使って、伝統芸能など人間の動きをデータ化する研究はありますが、すでに亡くなっている人でデータがない場合、生きている人のデータと組み合わせたり、ほかの技術で補完したりします。

■ AI ダリ

2019年、米フロリダのダリ博物館は、画家のサルバドール・ダリの表情を学習させたAIと来観客が一緒に写真を撮れる展示を公開しました。体格が似ている俳優がダリの表情を学習させたAIをかぶって演技しています。
URL:https://www.youtube.com/watch?v=BIDaxl4xqJ4

人間らしい会話の追求

自然な会話をするAIシステムの開発も進んでいます。
「よくある質問」や定型文であれば、自律的な応答ができるようになってきています。
AIの会話を人間に近づける、人間らしく見せる方法とその課題について考えていきます。

人間「らしい」会話の需要

企業のコールセンター、製品やサービスに対する問い合わせ、街中の道案内など、日常のさまざまな場所で人と機械が会話をする場面があります。

この会話の目的の多くは、知見や経験のある人間が提供するような、正確性や信頼性の高い情報を入手することです。そのためには、人間のような知見や経験を、機械が持つ必要があります。しかし、雑談をするなど会話そのものが人間的である必要はありません。

一方、目的が漫画やアニメに出てくる友達ロボットを実現したい、あるいは介護など信頼感や安心感が必要な領域において、「人手不足解消のためにも、人間のような話し方をする介護ロボットなどが欲しい」といった場合もあります。このときは、情報の正確性よりも、言葉のキャッチボールを楽しんだり、冗談やユーモアを交えた会話が求められているでしょう。目的によって求められる人間らしさはさまざまです。

チューリングテスト

計算機学者のアラン・チューリングが1950年に考案した「機械が人間らしい振る舞いができるかを判別する」テストがあります。

ルールは以下のようなものです。

- 判定者とAIは隔離されている
- 判定者がほかの人間とAIと文字で自由に会話してどちらが人間かを当てる
- 5分間のテキストチャットで、判定者である人間の3割以上をAIが騙せたらテストに合格したとみなす

■ キャラ付けによる「らしさ」の演出

チューリングテストに合格するようなシステムは開発できるでしょうか？　2014年、英王立学会が開催した大会で、初の合格者が出たと発表されました。判定者の33%が人間らしいと判断したのは、「ウクライナ在住の13歳の少年、ユージーン・グーツマンくん」という設定のプログラムでした。

しかし本当に人間らしい振る舞いだったのかについては、ユージーン君が13歳の少年で英語が第二言語だという設定のため、英語での会話に多少違和感があっても誤魔化せてしまったとする見方もあります。

日本でもチャットボットの「りんな」がいます。りんなはTAY（☞4-7）の姉妹版で「女子高生AI」というキャラ属性が付いています。「女子高生ならそういう受け答え方もするかも」という人間の心理的な思い込みをつくようなユニークなしゃべり方をします。

一方で、キャラ付けは、ステレオタイプを強化してしまう可能性もあります（☞5-3）。キャラを、「ウクライナ人＝英語が苦手」「女子高生＝特異なしゃべり」といったステレオタイプとして表現すると問題になる可能性もあり、バランス感覚が問われます。

■ 冗談と不適切発言の境目

会話において冗談やユーモアが難しいのは、一歩間違えれば不謹慎になるからです。匙加減を間違えると問題になります。TAYのように、明らかな問題発言はしてはいけません。また個人のプライバシー情報を勝手に暴露することもしてはいけません。

一方、絶妙な回答として話題になったチャットボットの事例もあります。横浜市には、捨てたいゴミを入力すると、捨て方を教えてくれるごみ分別AIがあります。これに「旦那」と入力すると「人間は判断力の欠如によって結婚し、忍耐力の欠如によって離婚し、記憶力の欠如によって再婚する」という格言を引用した返事が返されたそうです。どういう答え方がいいか、利用者が不愉快にならないよう、職員が考えながら作ったそうです。

質問：朝起きるのがつらいんだけれど、いい方法はありますか？

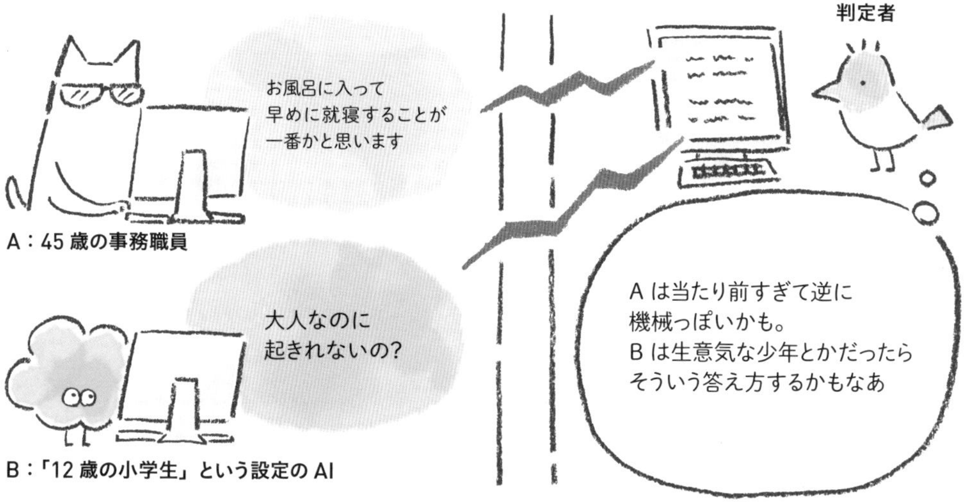

人間らしい外見や動作

**イラストやCGを用いてロボットやエージェントの外見は作られます。
また身振り手振りや相づちなどの非言語的なコミュニケーションができるような
AIやロボットが教育や医療、エンターテイメントの現場で求められています。
一方で外見が人間に似すぎていると、問題が生じることがあります。**

不気味の谷現象

不気味の谷とは、ロボットの外見や動作が人間に近づくほど好感度は上がっていくが、ある地点で突然、強い嫌悪感に変わり、それがさらに進んで人間の外見や動作と見分けがつかなくなると好感度が増す現象です。

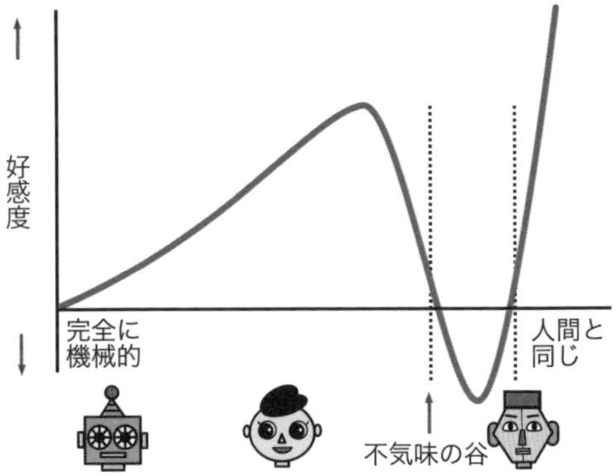

■ あえて機械だとわかるデザイン

好感度を上げるためだけではなく、機械とわかるような外見が望ましい理由がいくつかあります。

ひとつは、背後に人間がいると利用者が意識したほうが良い場合です。介護や育児などの目的で見守りロボットが家に入ってきたとき、信頼されすぎて、重要な情報を漏らしてしまったり、カメラで画像などのプライバシー情報が知らないうちに撮られたりする可能性もあります。私たちの目に映るのは、ロボットや画面上のエージェントにすぎませんが、サイバー空間につながっていて、大勢の人が背後にいる状態かもしれません。

私たちに見えるロボットやエージェントは一体だけですが、機械の後ろには必ず開発者などの人間が控えています。悪用しようとする人が乗っ取りをかけてくるかもしれません。

悪用される可能性がある以上、私たちの生活に近いところで使われるロボットやエージェントには、機械であることを明示する、意識させるデザインが必要かもしれません。

あるいはAIの機能や性能を人間が過信したり誤解したりしないためにも、AIが作られた目的やメイキングを積極的に公開するのもひとつの方法です（☞5-7）。

機械への感情移入

機械とわかるような外見にしたほうがいい他の理由として、機械を擬人化してしまう、機械をモノとして扱えず、人間が感情移入してしまう問題が挙げられます。

適度な共感や感情移入は、人と機械のやり取りを円滑にします。機械と人との間に共感や感情的な交流を生じさせるため、人間の感情や情動に関する研究も行われています。これをアフェクティブ・コンピューティングと言います。

しかし、感情がない機械にあたかも感情があるように見せかけることは、人間を欺いていると捉えることもできます。信頼か欺きか、これもロボットやエージェントをどのような目的で使うかによるでしょう。

■ 感情移入と操作への懸念

具体的にどのような懸念があるのでしょうか。機械は24時間働き続けられると同時に、サイバー空間上であれば何百人と同時に会話をすることもできます。

2013年に公開された映画「her/世界でひとつの彼女」は、AIガールフレンドの話ですが、同時に641人と付き合っていると主人公に告白しました。機械だからこそ同時並行でそれだけの人間に対応することができます。

人の共感や信頼を得やすいAIを悪用することで、たとえば数百の人たちを対象に詐欺を働くAIを作ることもできるかもしれません。

■ 防災・軍事分野での懸念

また、一般的には身近ではありませんが、防災や軍事の場面においてもAIやロボットが導入され始めています。

地雷を撤去するために、ロボットに地雷原を歩かせる軍事実験が行われました。ロボットが地雷で手足をもがれながらも前進していくのですが、この様子を見ていた大佐が、この実験を「非人道的である」という理由で中止させました。けなげに進んでいくロボットに共感してしまったとも言えます。しかし、戦場でロボットに共感したり配慮をしてしまうことは、逆に人間の命を危険にさらすリスクがあります。

ほかにも人と機械がバディとなって戦場の危険な現場に赴くことがあります。相棒であるロボットに共感や感情移入してしまうあまり、人間がロボットを危険からかばってしまう、守ってしまう事例も報告されています。

防災や軍事ロボットは高価あるいは機密であるため、守らなければ経済的、技術的な損失があるという理由もあります。しかし、人命と機械が天秤にかけられてとっさの判断が求められたときに、どのような行動をとるべきか、答えは明白です。

このような理由から、特定の領域においては、「機械であると割り切れるようなデザインにしておくべきだ」と特に欧米では議論されています。

ジェンダーや人種、人権の問題

画面上のエージェントやアバター（画面上の自分の分身）、ロボットの外見をどのように設計するかはインタフェースのデザインとしても重要です（☞5-2）。

外見や音声のトーンなどは、利用目的に左右されるところがあります。しかし、どのような場合でもジェンダーや人種などを配慮していないと、問題が起きてしまう事例が近年増えてきています。

■ 役割の再生産

介護や教育、道案内などは現実世界でも女性の役割とされる場面がほかの職業よりも多いです。男性よりは女性のほうが安心して話しかけられる人もいるため、それを反映して話しかけやすそうな女性のキャラクターデザインが多く見られます。

一方で、ジェンダーの役割固定はなるべくなくしていこうとする社会の流れもあります。デザインであれば男性や女性だけではなく中性的な見かけにする、動植物にするなど自在にキャラをデザインできる中、なぜあえて女性のみのキャラクターを使うのか。

これは、サポートする＝女性という固定概念が、開発する側のコミュニティに暗黙の裡にあるからと言えます。いわば、無意識のバイアスです（☞4-2）。こうした役割固定や表現の再生産が起きていることに、まずは気づくことが重要です。

■ バイアスの問題は世界共通

これは日本だけの問題ではありません。フランスのアルデバラン社（現ソフトバンクロボティクス）が開発した「NAO」というロボットがあります。特にジェンダーを感じさせない外見ですが、NAOは英語では「He= 彼」と称されて教育や医療などさまざまな分野で使われています。

しかしNAOが介護用に使われるときには「Zora」という名前が付けられています。Zoraはフランスでは女の子の名前であり、プロモーションビデオでも「歌って踊れてエクササイズの指導やお話もできる、若い女の子（young girl）」とNAOを紹介しています。ここでも介護＝女性の仕事という思い込みがあります。

海外ではジェンダーに加えて人種に対しても問題が指摘されています。画面上のキャラクターの顔はデフォルメされている場合が多いため、特に問題となるのが肌の色です。たとえば、警察のキャラクターが白人だけ、男性だけになっていると問題になります。

画面上のエージェントの外見が、特定のジェンダーや肌の色のみしか種類がない、あるいは特定の職種や役割に特定の外見や肌の色の人しか出てきていないのではないか、などをデザイン上、確認していくことが求められています。

■ ステレオタイプの再生産

役割や職種に対するイメージの再生産だけではなく、「人間ではないけれど人間のような」AIだからこそ、雑に扱われてしまう場合があります。たとえば、スマートスピーカーは特にセクハラ発言にさらされているとの報告があります。

アップル社のSiriやアマゾン社のAlexaなどのスマートスピーカーでは、初期設定では女性的な声が用意されています。ほかの音声もありますが、声が高いほうが聞き取りやすいといった機能的な点もあり、基本的には最初に設定されている女性の声が多く使われています。

スマートスピーカーは設計上、人間に命令されたことに従順に従います。これに対して女性は従属的で、何を言われても受け流すといったステレオタイプを開発側が暗黙のうちに肯定としているとして批判されました。

■ 人権への注目

エージェントにセクハラ発言をする人が、機械と現実を混同して現実の女性にもセクハラ発言をするわけでもないでしょう。逆に「エージェントを人間のように扱おう、人間に準ずる権利を与えるべきだ」とするのは飛躍があります。

エージェントやロボットの外見に対してジェンダーや人種の問題を投げかける理由として、「機械を変に尊重するあまり、逆に人間の尊厳や人権をないがしろにしていないか」との問いかけがあります。

たとえば介護士不足のため介護ロボットを導入するという話があるとします。しかし、本当に不足しているのは介護士ではなく、彼らの仕事への尊重や、相応の金銭的な対価かもしれません。

その他、こんな事例もあります。2017年にサウジアラビア市はAIを搭載した人型ロボットのソフィアに市民権を付与すると発表しました。しかしサウジアラビアは女性の権利が制限されている国です。つい最近まで女性は男性保護者の許可なしに、運転することすらできませんでした。

機械を導入したり重視したりする前に、迫害を受けたり貧困に陥っていて、人として不当に扱われている人を救済するほうが重要です。機械に注目するあまり、人間の権利や尊厳がおそろかになる本末転倒が起きないよう、注意する必要があります。

AI システムをどう説明するか

人間らしい AI や、人間の技能や能力に肉薄する性能を持つ AI では、人と機械の境界線があいまい化するのではないかと、若干の不安を感じる人もいるでしょう。このような不安を払拭するためにも、AI がどのように、何の目的で使われるのか説明する必要があります。

AI に対する漠然とした不安

AI システムを説明するとき、「AI が判断をする」や「AI が予測する」のように、AI を主語にして語ることがあります。実際に、深層学習などは学習するべきポイントを機械が自ら見つけ出すため、ある程度の自律性があるとも言えます。

このような表現によって、「AI が勝手に判断して暴走するのではないか」「仕事が奪われるのではないか」との懸念も引き起こされます。しかし、現在の AI は特定のタスクに特化したことしかできず、その多くは人の仕事の支援をする特化型の AI です（☞2-8)。

人間らしい会話や外見、態度がとれる AI も増えてきていますが、人間のようにゼロから AI が新しい価値を作り出せるか、ましてやそれが人間と同等のレベルまで到達できるかというと、AI の研究はまだまだであると考えられています。

実際の AI による制作には、かなり人の手が入っています。たとえば AI で星新一のショートショートや手塚治虫の漫画を描くプロジェクトにかかわっている AI 研究者の松原仁教授は、AI が 1 ～ 2 割を作り、残りは人間が調整していると説明しています。

それにもかかわらず、メディアの見出しなどでは、話題性や文字数削減のために「AI が〇〇する！」など、AI が自ら新しいものを作り出したり判断したりしているかのように書かれる場合が多くあります。

本書でもわかりやすさのため、AIはキャラクターとして独立して動いている表現になっています。

このように、AIは擬人化がしやすい技術です。どのようにAIを表現するかは利用目的に応じた総合的な判断が必要になります。

プロセスや仕様の公開

AIに関する懸念として、深層学習のブラックボックス問題もあります（☞ 2-7）。これに対して説明可能AIのような技術で解決する方法があります（☞ 3-3）。また、どのようなデータやアルゴリズムを学習に使ったかの説明も重要になります。

■ AIが利用されていることの説明

何かの判断や予測にAIが使われている場合、それを明示化する必要もあります。

たとえば現在、AIがプロファイリングに使われるようになりつつあります（☞ 4-5）。たとえ最終的な判断は人間がしていても、判断支援ツールとしてAIが使われていると利用者が知っていなければ、AIが持つバイアスによって偏った判断がされている可能性を指摘できないからです。

■ AIのメイキング動画公開

また故人をAIやCG、VR（バーチャル・リアリティ）技術を用いて再現させる技術（☞ 5-4）にも賛否両論があります。「故人は生前に同意していないのに再現するのは冒涜ではないか」、「政治や宗教的に影響力のある公人を再現させて悪用できるのではないか」などの懸念があります。

これらの懸念に対応するためには、なぜ再現するのかの目的や（☞ 5-3）、どこまで技術が自動生成していて、どこから人の手が入っているのか説明することで、AIに対する過度な期待や不安を防ぐことになります。

人々は本当に説明を読んでいるか？

一方で、長すぎたり技術的に細かすぎる説明は誰にも読んでもらえない可能性があります。

サービスの利用時に利用規約や同意書を読む必要がありますが、多くの人は読み飛ばしているとの実験もあります。そのため、説明のしかたやインタフェースのデザイン（☞ 5-2）を工夫する必要があります。

■ リテラシーと連携

AIは、事件や事故時にどこの誰に責任があるのかがわかりにくい構造的な問題があります（☞ 6-6）。そのため、サービス提供者が消費者や利用者に適切なAIの説明をすることや責任の所在を考えておくこと（☞ 6-8）が求められます。消費者や利用者側もどのような問題が起きるのかを最低限把握しておくリテラシーが求められます。さらには、何か問題が起きたときのセーフティネットとして、保険や認証などの外部機関との連携も必要になってきます（☞ 6-6）。

5-8

人と機械の生死のデザイン

**AIシステムは開発、実装、運用だけではなく（☞ 3-2）、
目的によっては使い終わり方までも設計する必要があります。
特に、人と距離の近いロボットやエージェントなどは、
モノとして乱雑に扱うのではなく、扱い方の作法を考えることも大事になってくるでしょう。**

サイボーグ化する人間

機械が擬人化されて扱われる事例を紹介しましたが（☞ 5-6）、すでに人間自身がある程度、機械化、サイボーグ化していることも事実です。

サイボーグといってもSFで描かれるサイボーグのように物理的に体が機械と融合するのではありません。現代社会に生きるということは、機能や思考の一部を機械にゆだねるサイボーグとして生きるということなのです。

私たちの記憶や情報処理能力の一部はサイバー空間に依存しています。個人のスケジュール、人とのつながりはスマートフォンやパソコンなどの端末経由でサイバー空間に保存されています。調査、執筆、計算、通信、買い物などを情報通信機器の助けなくして行うことは、もはや不可能です。

遠隔でのロボット操作、自分の分身であるアバターをサイバー空間で操作する技術もあり、空間的な制約から外れて自由自在に動き回れる可能性も出てきています。そのほか、脳と機械を直接つなぐことで認識能力や知覚機能を拡張するBMI（ブレイン・マシン・インタフェース）技術の研究も期待されています。

よみがえる人間

個人の情報がデータとしてサイバー空間上に残されるようになると、それらを再構成してデジタル・ツイン（電子上の双子）を作ることができます。ライフ・ログと言って、自分が見聞きしている情報や考えていることをすべてサイバー空間上にアップロードしている人もいます。

すべての情報を事細かに記録に残さなくても、不足している情報をほかの人や技術で補うことで、特定の人の技能やしぐさを再現することもできるようになっています。このような試みのうちで興味深い事例が、亡くなった方のデータを用いてその人の技術や表情をよみがえらせる、その人と会話をする企画です。近年さまざまなところで話題になっています（☞ 5-4）。

深層学習を元に作られた故人AIは、設計

者である人が特徴を指定していないのに、その人「らしく」、ある程度自律的に振る舞います。日本では2019年にAI美空ひばりが紅白に出場して話題になりましたが（☞5-3）、韓国でも同年、亡くなった娘に母親が再会する企画が放送されるなど、公人・私人両方で技術が使われています。

機械との別れ方

サイボーグ化している私たちのデータは、削除しない限りサイバー空間上に残り続けます。生きている人のデータは、現在の日本の法律上は個人情報として保護されますが、亡くなった人のデータは保護の対象外です。そのため情報の扱いは区別する必要があり、SNSなどでも亡くなった人のアカウントは故人専用として追悼アカウントに移行するなどの措置があります。

今までも故人の写真や動画などは残されていました。それらをもとに、故人と心の中で対話することは可能でした。しかしGANなどのデータ生成技術、音声合成や画像合成技術を駆使すると、生きている人と相互作用するAIを作れます。実際にそのような商業サービスも出始めています。

このようなサービスによって、さまざまな課題が生じています。たとえば、有名人であれ肉親であれ、大切な人にもう一度会えた場合、嬉しさだけではなく、逆に喪失感が増す可能性もあるでしょう。

そのため用途によっては、故人への敬意をもって、AIを適切な時期に終わらせる方法を考える必要があります。

たとえば故人のAIと会えるのは一夜限りとすること、一定期間したら自然と会える回数が減ることなどが考えられます。グリーフケアの専門家の意見なども含め、機械とお別れする方法も考えることが必要になってくるでしょう。

機械とのお別れの儀式

人と機械の関係は主観的であり、関係が親密になるほど別れの社会的儀式が重要になります。人と機械の接し方を幅広く捉えると、儀式といった社会的な制度もインタフェースデザインの範疇に入ります。

■ ロボットの「お葬式」

人間が自分たちの社会制度を用いて機械とお別れする方法として、ペット葬ならぬロボットのお葬式があります。

1999年から2006年にかけて販売されて、日本で流行したSONYの犬型ペットロボットAIBOは、生産終了後、修理のための新しい部品も生産されなくなりました。壊れてしまったら修復はもうできません。そこで千葉県いすみ市の日蓮宗光福寺では、AIBOオーナーたちを対象としたAIBO供養が毎年行われています。

第6章

社会が抱える課題を見直そう

AI 技術の進歩に伴い、私たちが住んでいる社会の制度や、
私たちの意識も技術と相互作用しながら変化していきます。
本章では、現在の仕事や生活に焦点をあてて、
社会に根差す構造的な問題について考えていきます。

6-1

AI を使った生活や働き方

私たちの生活や仕事に AI が入ってくる理由は何でしょうか？
また、AI を使った生活や働き方にはどのような協働の形があるのでしょうか？
人と機械が協働すらせずに、機械だけで作業が行われることもありうるでしょう。
人と AI の関係性について、技術からではなく、生活や仕事といった観点から考えます。

最終判断は人間

■ **理由 1：AI の精度が低い**

「データの量や質が悪い」「品質が保証できない（☞ 3-2）」などが、「最終判断は人間」となる大きな理由です。

■ **理由2：制度で定められている**

AI が人間と同程度、あるいはそれ以上の認識や予測精度を出していたとしても、医行為のように事故や事件時に、人間が責任を取ると制度上定まっている分野があります（☞ 6-7）。

■ **理由 3：人の感情が追いつかない**

精度が良くて制度的に問題がなくても、機械に指示されたり、判断されるのは嫌だという感情は存在します。人々に信頼される AI とはどのような技術やインタフェースなのかや、どうしたら人々が AI の結果に納得できるかは現在、学際的に研究されています。

人間とAIの協働

■ 理由1：AIと人で強みが違う

AIは過去のデータから学習して、記憶力や計算能力も高い一方、人間は未知の状況に陥っても素早く適応できるなど、機械と人間の強みを役割分担できます（☞6-3）。

囲碁などでAIが新たな手を打ち出したり、新たな音楽や絵画を作ることは一見、完全自動のように思えますが、人間が定めたルールの中で、新手や新作を生み出しています。新しさに「価値」を見出すのは人間であるという点からも、これは人とAIの協働といえます。

■ 理由2：人手不足

日本は超少子高齢化社会になっています。技術的な安全性や操作性が一定の品質に達しているのであれば、複数のAIを1人の人間が監督することで、1人で数人分働くこともできます（☞6-2）。

AI完全自動

■ 理由1：AIの判断のほうが速い

AI完全自動といっても、自分で問題を設定して解決をするような汎用人工知能（☞2-8）ではありません。あくまで人間が設定した仕事を機械のほうが適切に速く処理できるものは、自動化したほうが効率的です。

たとえば現在、市場取引の9割が、AIがニュースや経済イベントを監視しながら自動売買を行うアルゴリズム取引です。

■ 理由2：AIは疲れない

機械は人間のように疲れることなく長時間動き続けられます。そのため工場などにおける単純作業などは、機械のほうが人間より正確に行えます。

■ 理由3：学習結果を共有できる

人間は習得した技術を他人に伝えるのに時間がかかりますが、あるAIが習得した知識や技術は、ほかのAIに複製や転移が容易です。そのため人間よりも効率よく学習できます。

自動運転のレベル分け

人と機械の協働の形を考えるとき、わかりやすいのが自動運転車のレベル分けです。アメリカのNPO団体であるSAE Internationalが提唱した指標は、完全にドライバーが運転するレベル0から、ドライバーがいないことを前提としている完全自動運転のレベル5までの指標を作成しています。

日本でも、国土交通省がこのレベル分けに準拠した考え方をしています。現在、国内外の自動車メーカーが、さまざまなレベルの自動運転車の開発を目指しています。

■ レベル2と3の壁

自動運転のレベル分けで重要なのはレベル2とレベル3の壁です。レベル2までは、ドライバーの存在が必須であり、AIはあくまで運転操作の支援をして、運転操作はすべてドライバーが行います。

一方で、レベル3になるとドライバーの存在は必須ではありますが、特定の条件下においてAIが主たる運転操作を行うことが可能になります。さらにレベル5になると、完全にAIがすべての操作を行うため、ドライバーの存在は不要になります。

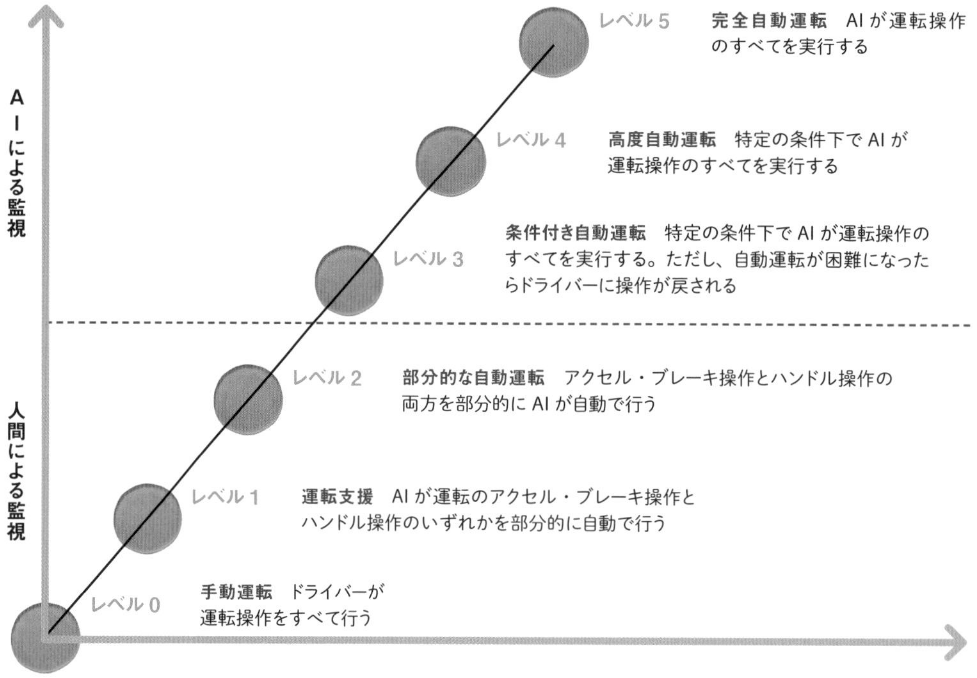

▲自動運転のレベル

■ 自動運転の現在と課題

レベル2の自動運転として、国内外の車メーカーが、自動ブレーキや、前の車に追従して走る支援装置を開発してきました。

レベル2はあくまで運転支援のため、たとえAIによる運転支援がオンになっているときに事故が起きても、操作責任はドライバーにあります。これまでにも、国内外でレベル2の運転中に、ドライバーがよそ見をしていたり携帯電話をいじっていたりすることで、とっさにハンドル操作ができずに事故が起きてしまっています。

画像認識精度などにも課題が残ります。敵対的攻撃（☞3-5）などによる被害は、今後自動運転車が普及してきたら、リスクとして現実のものになるかもしれません。

また、データ学習の偏りも課題です。車は世界各国で販売されていますが、ある国では当たり前の景色や周辺状況が、ほかの国や地域では全く異なるといったこともあります。

■ 日本の道路交通法改正

2020年4月、世界に先駆けて日本の道路交通法が改正され、レベル3の自動運転時に、すぐに運転をシステムから引き継げる態勢でいられる場合は、ドライバーは携帯電話などを見ていてもよいことになりました。つまり、自動運転時（レベル3）に事故が起きてもドライバーに責任は問われなくなります。ただ、運転をすぐに代われることが条件なので、飲酒運転をしたり、運転席にいなかったりなどはできません。

では、自動運転時に事故が起きたときは、どうするのでしょうか。自動運転システムに過失があるとされた場合は、自動車メーカーが責任を負い、保険会社が賠償するしくみになっています。

■ 自動運転車の販売

法改正に伴い、2021年3月に世界初のレベル3の自動運転車がホンダから発表されました。これまでも、実証実験などでは、レベル3やそれ以上の車の実験が、限られた空間や地域で行われていましたが、この車は公道を走ることができます。今後、ほかの自動車メーカーからもレベル3の自動運転車が出てくることが期待されています。

医療におけるAI

自動運転車以外に、AIによる自動判断の研究と社会実装が進んでいるのが医療分野です。医療は、現在では医療従事者が最終的な判断を行うと医師法で定められています。しかし、医療の診療プロセスで、診断の支援をするAIは増加傾向にあります。

近年では、病気の認識などで人間の医者の判断に迫るようなAIも出てきていますが、それでも最終判断は人間が行うことになっています。

■ 診療支援の種類

医療AIにもさまざまな種類があります。診療をするには、まずは患者や利用者から情報を入手・入力し、それを分析して結果を提示（出力）します。

入力では、音声認識やデータ管理にAIを用いることで、医療従事者の負担や利用者の待ち時間を軽減します。分析でも、医療従事者の見落としを防いだりできます。自動運転のレベル4以上のように自動で診療まで行うAIがあれば、医療を受ける時間や場所の選択肢が増えるでしょう。

▼ AIと診療支援

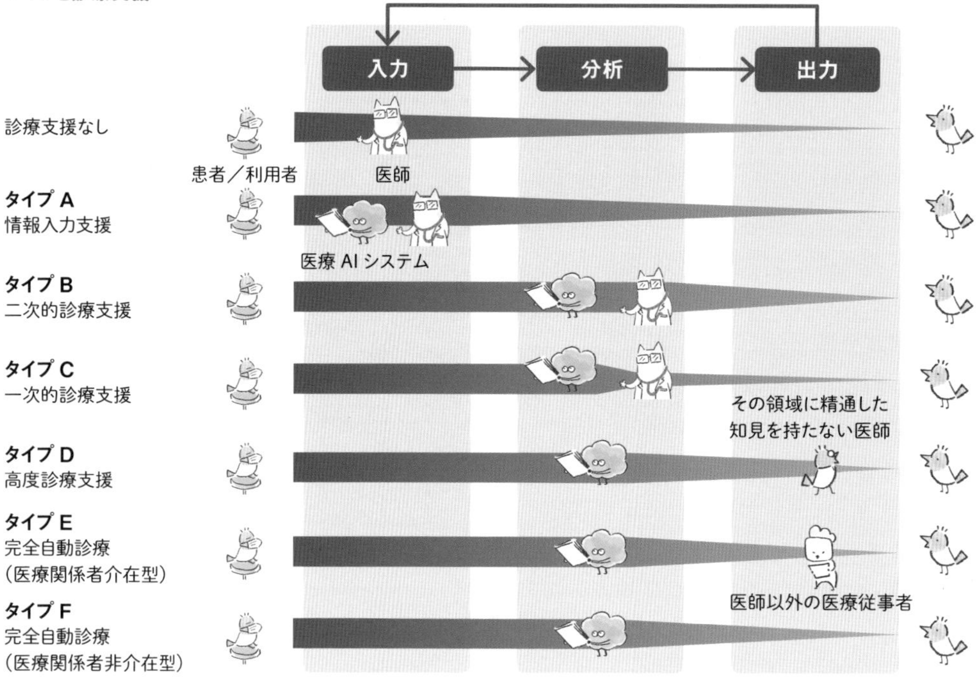

※青色の線は、患者 / 利用者に到達するまでの診療プロセスで、意思や医療関係者、医療 AI システムが処理する情報量を示す。

■ 専門家の仕事は奪われるのか

左ページの図は筆者たちが作成した、医療AIシステムのタイプ分類です。これを見るとタイプEやFの完全自動診療になると、医者は不要となっています。

今、医療に限らず、弁護士や裁判官など専門家と呼ばれる人たちの仕事が奪われるのかもしれないと議論されています。その答えは、「場合による」と言えるでしょう。

今までなら、すべて専門家が処理しなければならなかった情報や仕事の量は、AIが間に入ることで軽減されます。たとえば図のタイプBとタイプCは似ていますが、タイプBでは医者の情報処理の負担は変化していません。技術の精度が低い場合は、AIが見落としをする可能性があるので、タイプBの形式を取らざるを得ません（AIによるダブルチェック）。

技術の精度が上がり、人間並みの精度でAIが判断できるようになれば、まずAIに診断をさせて、その結果を参考に、医者が診断することができるので、医療従事者の負担は軽減されます。その点からするとタイプBは移行期の技術の使い方であり、「技術の精度が低いから使えない」わけではないのです。

医療診断などは、複数人の医師が何度も確認をしているので、そのうちの1人分をAIが肩代わりするだけでも、全体としては医療関係者の負担軽減にもなります。このように、技術ができることとできないことを見極めることで、うまく人間と機械の役割を分担できます。

■ レベルではなくタイプ分けの作成

医療AIシステム分類を作るとき、当初は自動運転のように「レベル」という単語を使っていました。しかし、医療関係者と話をしていると、レベルという指向性のある単語に拒否反応を示す人がいました。

自動運転では、レベルは1から2、3のように上がっていき、最終的にはレベル5の完全自動運転、つまりはドライバーがいない状態を目指しています。

しかし医療においては、当面の間は最終判断を医者がすると法で定められています。もしかしたら将来的には、軽い症状や慢性的な疾患であれば、AIによる自動診断の可能性もあるかもしれませんが、すべての病気において医者が不要ということには、決してならないでしょう。

そこで、「レベル」ではなく「タイプ」という単語を選びました。どのタイプがほかのタイプよりも優れているということではなく、技術の精度、法などの社会制度や利用者のニーズを鑑みて、最適なタイプを選んでいくことが重要になります。

6-2

仕事とタスク

現在、「機械に仕事が奪われる」といった懸念や、
逆に「AI に作業を任せて人間にしかできない仕事に専念できる」などの言説が流布しています。
何をすべきか明確な仕事は AI（機械）が得意な場合もありますが、
すべての仕事がそうではありません。

機械に奪われるのは仕事ではなくタスク

私たちが仕事と言っている作業は、個々のタスクの総体です。そして機械はあるタスクに特化した作業しかできないため（☞2-8）、あいまいな指示には従えません。そのため、人間が仕事の中身をタスクに分解して機械に指示出しする必要があります。

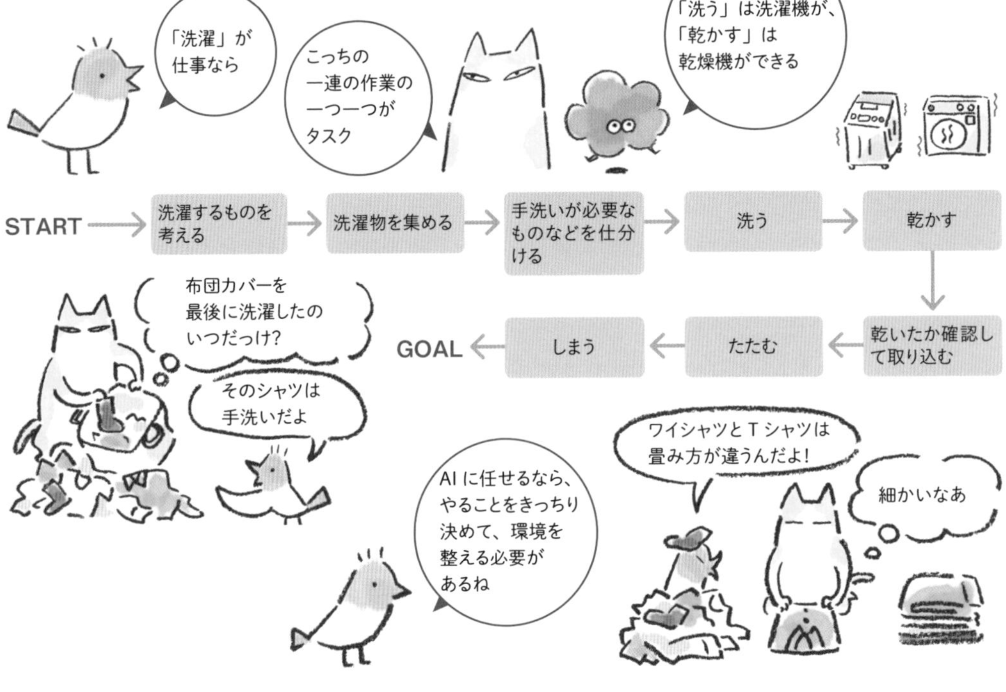

■ **タスクに落とし込みにくい見えない労働**

洗濯の上位の仕事である「家事」とは「家の事」に関する作業の総体です。いわゆる「名もなき家事」「見えない家事」は大量にあります。「事務」や「育児」、「介護」なども、同様です。

事務ロボットや介護AIなどと言われていても、そこで行われているのは、書類を自動生成することや、介護対象者の移動に特化するもので、ほかの事務や介護をするためには、別のシステムと組み合わせて使う必要があります。人間でなければできない作業も残るかもしれません。つまり、人と機械の共同作業はますます複雑になっていきます。

仕事は忙しくなるばかり？

確かに、一部の作業を機械に任せることで、全体としての仕事は効率化されるかもしれません。しかし、人間の仕事の一部しか機械は代替しません。

『お母さんは忙しくなるばかり』という歴史学者が書いた本の中に、白物家電などの導入で、家事がどのように変化したかの記述があります。洗濯機が家庭に入ってきた20世紀、それまでは召使や業者などに委託していた洗濯という作業は「お母さん」の仕事となりました。自宅で洗濯できるとなると、洗濯の量や頻度が必然的に増えます。

しかし一方で、洗濯に付随するほかのタスク、洗濯物を干す、たたむ等はいずれも自動化されていないので、結果的にお母さんの忙しさは変わらないどころか、日々の仕事が増え続けたというのです。

■ **機械に使われないために**

洗濯を例にとりましたが、ほかの仕事でも現在似たようなことが起きています。機械を導入したら、その機械が動きやすいように、データの前処理をすることが必要になったり、物を片づけたり、機械ができないイレギュラー対応をしたりなど、人間の仕事が逆に増えることもあるかもしれません。

機械は24時間働き続けることができますが、人間はそうはいきません。人間が機械に合わせて無理するのは、得策とは言えません。

一方で、機械を人間の反応速度や処理速度に合わせるのは本末転倒であり、機械化した意味がなくなります。そのためにも、機械を導入する目的と、人と機械のタスク分担を人間側が適格に設計する必要があります。

column

タスク分けワークショップ

人間と機械の役割分担を考えるためのワークショップを紹介します。これは合意を得ることや相手の説得を目的とするのではなく、なぜ合意が得られないのかを対話し、自分とは異なる価値観や考え方に気づくことが目的のワークショップです。1時間ほどで終わります。

①参加者を募って対話の心構えを共有する

「相手を批判しない」「自分事として考える」「話題を変えることを恐れない」などの約束事を共有します。参加者の年代、性別、職種などが多様であれば、さまざまな意見を聞くことができます。

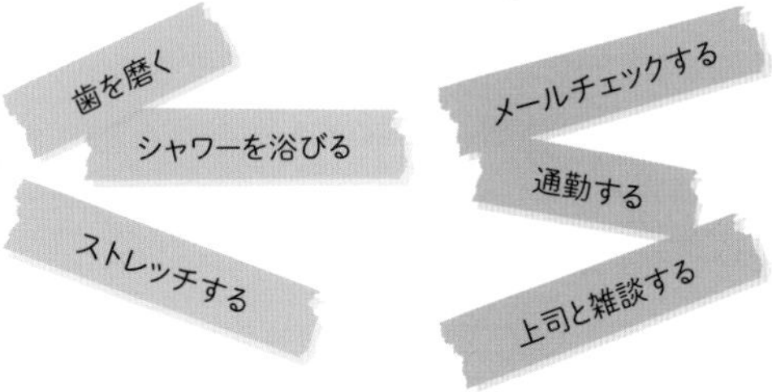

②個人ワーク（5分）

生活や仕事など再考したい場面の「タスク」をポストイットに思いつくままに書き出していきます。カテゴリも内容もバラバラで結構です。

③グループワーク1（15分）

右のような図を大きな模造紙に書いて、自分が書き出した「タスク」を数人1組グループで対話しながら分類していきます。ほかの人のアイディアに便乗して思いついたタスクをどんどん追加していきます。合意が得られないものは、中央に貼り付けていきます。

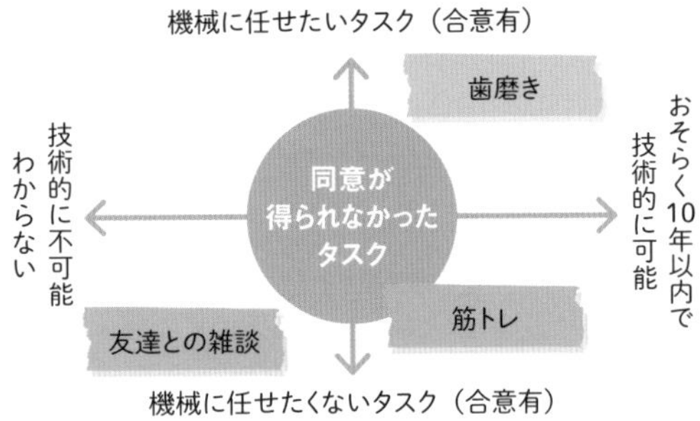

④グループワーク 2（10 分）

タスクがすべて振り分けられたり、時間が来てしまったら、模造紙中央にある「合意が得られなかったタスク」に取り掛かります。

合意が得られない理由は、内容が多義的、あるいは曖昧なタスクです。まずはタスクを分割することで合意が得られないかを考えます。どうしても合意が得られないものは、そのまま残しておきましょう。

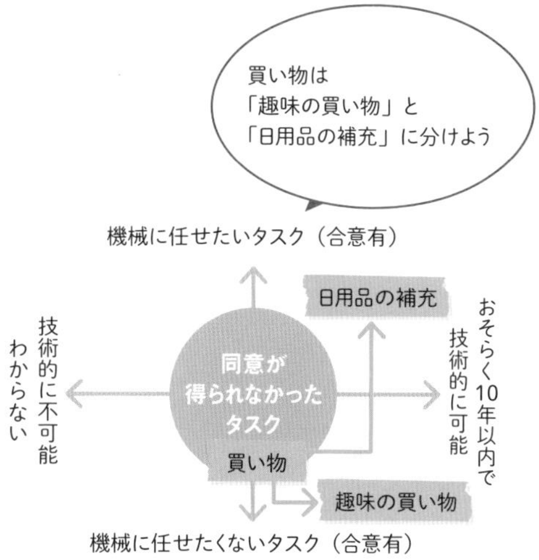

⑤振り返り（20 分）

まず、「機械に任せたい」タスクを俯瞰します。機械に仕事を奪われることを懸念している人でも、意外と機械に「奪われてほしい」タスクがあることに気がつくと思います。なぜ、現実にそれらは奪われていないのでしょうか？　制度的、慣習的なものなのか、それ以外の要因があるのか考えてみましょう。

次に「機械に任せたくない」タスクを見ると、各人が大事にしている価値観が見えてきます。技術的にできるからといって、機械に任せたいわけでもないのです。

また、「本当は自分でやりたいけれど、機械のほうが効率的だから機械に任せる」タスクがあったら、本当にそのような社会に私たちは住みたいのかを考え直すきっかけになるかもしれません。

6-3

機械に何を任せるか

機械と人間の役割分担の配分を決めるのは、人間です。
仕事で達成したい目的や、技術の性能を見誤ってしまうと、逆に仕事が増えてしまったり、忙しくなったりする可能性があります。

面倒くさい仕事かやりがいある仕事か

現在、AI にできるタスクは限られているので、少し複雑な作業になると人が対応する必要が出てきます。機械がルーティンや楽な仕事は請け負ってくれるので、残されるのは人間にとって「やりがいがある仕事」と言えるかもしれません。しかしそれは「難しく、イレギュラーで面倒くさい仕事」とも言えるかもしれません。

人がやるから意味がある仕事か

接客の受付タスク、介護での対話タスクなどはロボットや AI にもできるかもしれませんが、人と実際に接することで得られる情報量や、人と会話することそのものが、人間には必要とする考え方もあります。あるいはそれは思い込みで、意外と「機械相手のほうが気を使わないからいい」とする考え方もあるかもしれません。機械にできるからといって機械に任せていいかどうかは、人の価値観や目的に応じて考える必要があります。

同じ技術でも使いよう

技術を使うにあたっては、「どのような社会に住みたいか」「どのような働き方を目指すのか」というビジョンが重要になります。

たとえば、作業量が減ることは、効率化に貢献します。人件費だけではなく、作業にかかる時間や金銭コストを減らすことによっても効率化が期待されます。

しかし効率化だけでは「速い」「安い」以上に質的な「新たな価値」が生まれません。人を削って少ない人数で同じ作業を回していくのか、余った時間を従業員の福祉や新たな価値創造などに回すのかは、経営ビジョンによって変わってくるでしょう。

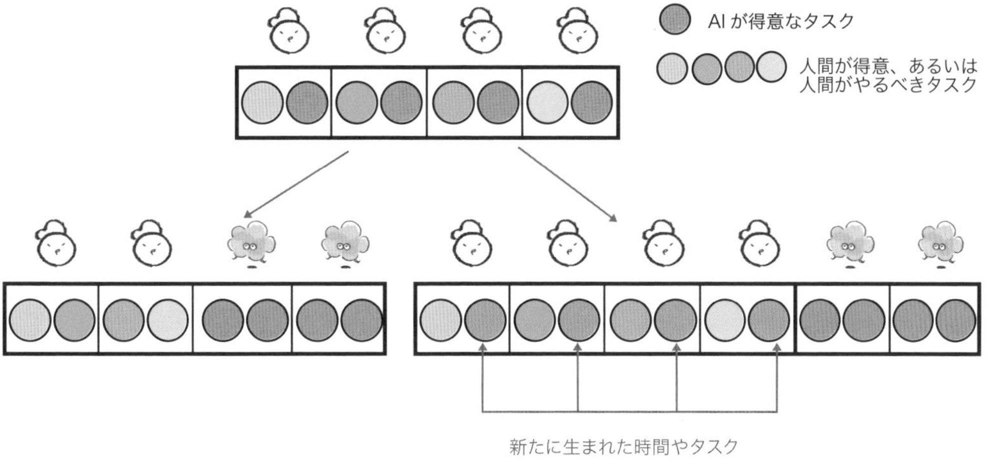

AI導入によって作業量が減ったから……

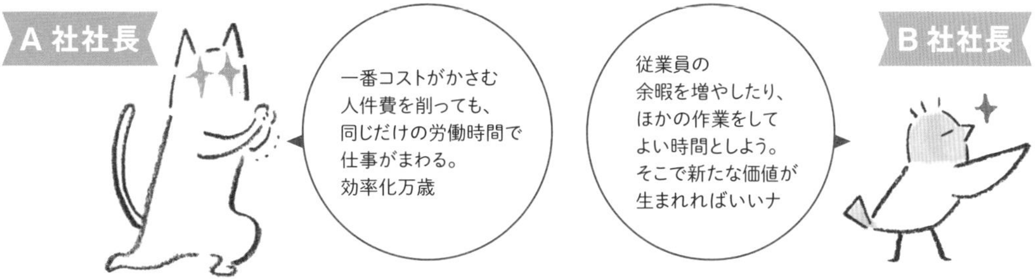

改良と改革

生活や仕事をしていくにあたって、情報通信技術をはじめとする機器はなくてはならないものです。しかし、現在利用している製品やサービスから、新しいサービスに乗り換えるには手間暇やコストがかかります。これをロックイン効果と言います。ロックインされてしまうと、まったく新しい技術や制度を導入するきっかけを失ってしまう可能性があります。

改良か改革か

AI 技術をいざ導入するとなったとき、関係者間では現状を「改良」したいのか「改革」したいのかの意識をすり合わせる必要があります（下の表）。

必要なのは技術革新ではなく意識改革

たとえば、データ利活用を推進するためには、個人情報保護のルール作りや、データ管理や共有のためのしくみ作りが重要になりま

▼改良と改革

	改良（Improvement）	改革（Innovation）
現状の枠組み	肯定・踏襲	否定・破壊
変化の単位	数週間～１年	数年～数十年
目的	現状の最適化や効率化	新たな価値観の創出
法律	現行法での対応が可能	しくみや制度変革が必要な場合もある
メリット	目に見えてすぐ成果が出る	既存の構造的な問題解決ができる。たとえば、Uberなど隙間時間で働くギグ・エコノミーは働き方や生き方、移動や時間の考え方に転換をもたらした。
デメリット	短期的には成果は出るが、一度最適化されたら劇的な変化は望めず、時間やコストの効率化がこれ以上はできないという頭打ちにあう。	破壊的であるがゆえに、既存の社会制度などを揺るがし、経済的、社会的にも影響を受ける人が多く出てくる可能性がある。そのため、その人たちの支援方法を社会全体で考える必要もある。
	現状を肯定している限り、部分最適は全体最適にならず、逆に非効率になることもある。たとえばCOVID-19でテレワークを導入した企業で、従業員が決算のため「ハンコ出社」する必要が出る、など。	変化をもたらすには時間がかかるほか、関係者が多くなるため、ビジョンがブレて部分最適の寄せ集めで終わってしまう可能性がある。

す（☞4-8）。従来は、データ保護や管理のしくみ作りのコストを払うのは、政府や企業などであり、それぞれが作った規格や基準を採用していました。

しかし、データの収集や管理をする主体によってしくみが違ったり、データが分散してしまって互換性がなかったり、個人情報が漏洩したり、企業による消費者の囲い込みが起きたりするなどの課題があります。

そこで近年では発想を転換して、政府や企業ではなくデータの所有者である個人が自分のデータのコントロール権を持つとする考え方が出てきています。

欧州ではこれをデータポータビリティ権という新しい権利として提唱しています。日本でも情報銀行という類似の考え方があり、個人が持つ各種データ、たとえば医療や教育のデータなども、政府や企業が持つのではなく個人が所有するためのしくみ作りが議論され始めています。

これにより特定の組織によるデータや利用者の囲い込みがなくなり、新たなサービスの開発や、新たな産業が生まれることが期待されます。

一方、データの収集や管理のしかたを従来のしくみとは全く異なる方法に「改革」するためには、技術はもちろんですが、使う人たちのデータ管理やプライバシーに関する意識やリテラシーの向上も必要になるなど、新たな課題も出てきます。

データは誰が管理する？

企業の影響力

AIをめぐる価値観は、目には見えにくいですが、どのような価値を重視するのかはAIシステムの設計思想に反映されます。そのため、ある地域では受け入れられる製品やサービスが、ほかの地域では受け入れないということも起きています。

そのような中で、一部の巨大企業の製品やサービスが、世界的にもかなりのシェアを持っているというのが現状です。しかし、ある企業の設計思想が、特定の国や地域に合わないものである場合、利用者は価値のトレードオフに直面することになります（☞1-2）。

■ プラットフォーム企業

AIに関連する巨大企業としては、アメリカのグーグル社、アマゾン社、フェイスブック社、アップル社が、社名の頭文字をとってGAFA（ガーファ）と呼ばれています。これにマイクロソフト社を追加してGAFAM（ガファム）と呼ぶこともあります。これに対抗する中国は、バイドゥ社、アリババ社、テンセント社があり、これも社名の頭文字をとってBAT(バット)と呼ばれています。これにファーウェイ社を加えてBATH（バス）と呼ぶこともあります。

これらの企業は一般的にプラットフォーム企業(プラットフォーマー)と呼ばれます。プラットフォームとは、新しい経験や体験ができる魅力的な場のことです。検索を通して新しい知見を得られたり、素敵な商品や人との出会いが得られたり、新しい端末で今までにない体験が経験できたりします。魅力的であるために人やデータ、情報が集まり、そこからさらに新たなサービスやデータが生まれます。

■ プラットフォーム企業による独占

プラットフォーム企業の提供する製品やサービスが魅力的であり、かつこれらの企業が消費者を囲い込んでしまうため、ここ十数年、ごく一部のプラットフォーム企業が市場を独占するという事態になっています。

プラットフォーム企業の独占状態を一望するため、よく引き合いに出されるのが世界時価総額ランキングです。1990年代は電気や通信会社、2000年代に入ると銀行などの金融系が時価総額のトップ10に連なっていました。それが2010年代以降になると、徐々に情報通信系のベンチャー企業が頭角をあらわしてきました。2020年代の現在、トップ10は前述したアメリカのGAFAMと中国のBAT（ただしトップ10にランクインしているのはアリババ社とテンセント社のみ）でほぼ独占されています。

近年はCOVID-19によりネットを介したコミュニケーションや、ネット通販が増えたことから情報系のプラットフォーム企業にとっては特に有利に働きました。

この時価総額を裏打ちするように、さまざまな観点から、これらの企業の製品サービスが私たちの生活で使われています。

- 全世界の新規広告費
  90% がグーグル社とフェイスブック社
- 携帯電話 OS
  99%がグーグル社とアップル社
- デスクトップ OS
  95%がアップル社とマイクロソフト社
- 全世界の e コマース
  40% がアリババ社とアマゾン社

■ 自動車業界のプラットフォーマー

なお、日本は90年代までは世界時価総額ランキングのトップ常連でしたが、近年では日本は40位台まで順位を下げています。トヨタ株式会社が日本ではランキング上位に来ます。自動車関係では近年、テスラ株式会社の時価総額が急上昇して話題になりました。テスラは電気自動車と自動運転車の開発をしており、AI研究にも力を入れています。テスラがトヨタの時価総額を抜いたのは2020年であり、急躍進していると話題になりました。

2021年1月にはテスラのモデル3がロサンゼルスからシリコンバレーまで、ドライバーがほぼ運転をしないレベル4の完全自動運転（☞6-1）で走り切った動画が公開されました。

■ プラットフォーマー規制

このように市場の独占をしているプラットフォーム企業に対する規制の議論が起きています。大きな論点は、個人情報やプライバシー保護などです。プラットフォーム企業は、個人の情報や購買履歴、SNS上の会話などをもとに利用者に個別化されたサービスを提供できますが、個人情報がどのように使われているのかが不透明であるため、プライバシーの観点からは懸念が持たれています。

欧州は個人情報やプライバシー保護の観点から、一般データ保護規則（General Data Protection Regulation：GDPR）と呼ばれる、個人データ保護について欧州域内の国に適用される法令を2018年に施行しました。2020年にはグーグル社に、GDPRに違反していたとして5,000万ユーロ（約62億円）の制裁金が科されるなど、プラットフォーム企業に対する規制が始まっています。

6-5

データ利活用の課題

**デジタル・トランスフォーメーション（DX）など、データやAIを活用して、
社会の課題を技術で改良・改革していこうとする動きが現在あります。
そのために使える道具として、AIに関する開発ツールのほか、公共の地図やデータが公開されています（☞3-8）。公開データを組み合わせて使うことで、より便利なツールができます。
しかし、社会の課題を解決する以前に、データの利活用にはさまざまな壁があります。**

データをうまく活用できれば…

災害時に、建物の構造や消火栓の場所などが誰でも入手できるようになっていたら、人が助かる確率も上がるかもしれません。

医療データなども、統計的な検診データを分析することで、自分が気をつけなければならない病気に事前に注意を払うことができるかもしれません。

農業や漁業などでも、専門家の暗黙知をデータ化して共有し、さらには天候や気候なども合わせることで、より収穫量が増すかもしれません。

AIの精度を上げるためにも良質なデータは重要であり、現在、さまざまな領域でデータの利活用を促進するための技術や制度の整備が進んでいます。

データ利活用に立ちはだかる壁

しかし、データ利活用にはいくつかの壁があります。また、技術的にできるからといって法的、倫理的にもやってよいかは別の話です。

■ 紙

データとして利活用するには、電子データになっている必要がありますが、いまだに多くの公文書を含む書類が紙媒体で保存されていることが障害になっています。紙資料をまずは電子データに変換するという作業が必要になります。

■ 互換性

データを「どのような形式で保存しているか」も重要です。「テキストや画像データをもらったけれど、自分が持っているパソコンでは開くことができない」「特殊なソフトウェアを購入したり、インストールしたりする必要がある」場合もあります。

なるべく標準化をしていく流れにはありますが、データの「ガラパゴス化」も問題です。

■ セキュリティやプライバシー

利活用する際には、どんなデータでも公開してよいわけではありません。個人の医療情報などは配慮が必要で、法の整備や匿名化や

同意の取得などの対応が必要です（☞4-8）。

また、重要な建物の各階の図面データなどは、海外ではテロリストなどに悪用されたら問題があるということで、非公開としているものもあります。

■ 組み合わせの問題

データ自体は公開されているけれど、ほかのデータと組み合わせたら嫌がる人がいる場合もあります。

たとえば、現在、犯罪や事故の場所情報を市のウェブサイトで公開している市区町村などもあります。これを地図と組み合わせると防犯マップとして役に立ちます。しかし一方で、「自分の家の近所で犯罪が起きたと知られるのは嫌だ」と言う住民や「土地の値段が下がるから嫌だ」との考え方もあります。

また、国の機関紙「官報」では、自己破産者の個人情報（氏名・住所・破産日）が確認できます。これをインターネット上の地図で検索をできるサイトが2019年に問題になり、現在このサイトは閉鎖しています。

COVID-19 対策とデータ

6-6

AIガバナンス

AIを開発してユーザーまで提供する、つまりAIを社会実装していくには、
いろいろな関係者の手を経由しています。関係者が増えるほど、人と機械の協働のあり方や、
事故や事件が起きたとき、誰がどう責任を取るべきかを、開発段階から考えていく必要性が高まります。

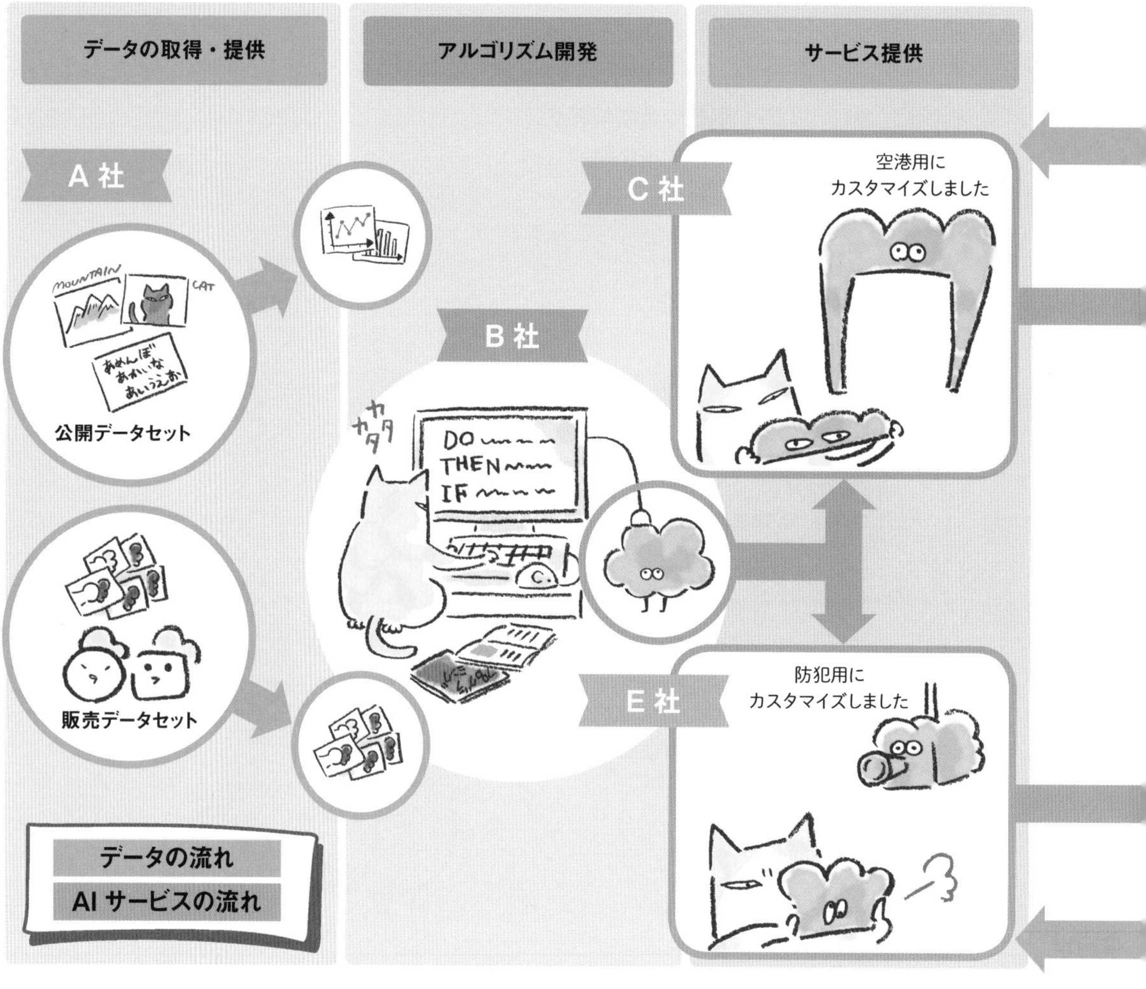

AIガバナンスとは

ガバナンス（Governance）とは英語で統治や管理、方向性の舵取りをするという意味を持つ言葉です。組織のガバナンスと言うと、その組織が事故や事件を起こさないように、適切な管理体制をとることを意味します。

AIガバナンスとは、AIサービスや製品を提供する研究者や企業が、データの取得・提供から、サービス提供や運用に至る一連の流れの中で、事故や事件が起きないような管理体制をどのように取ればよいかを考えるものです。

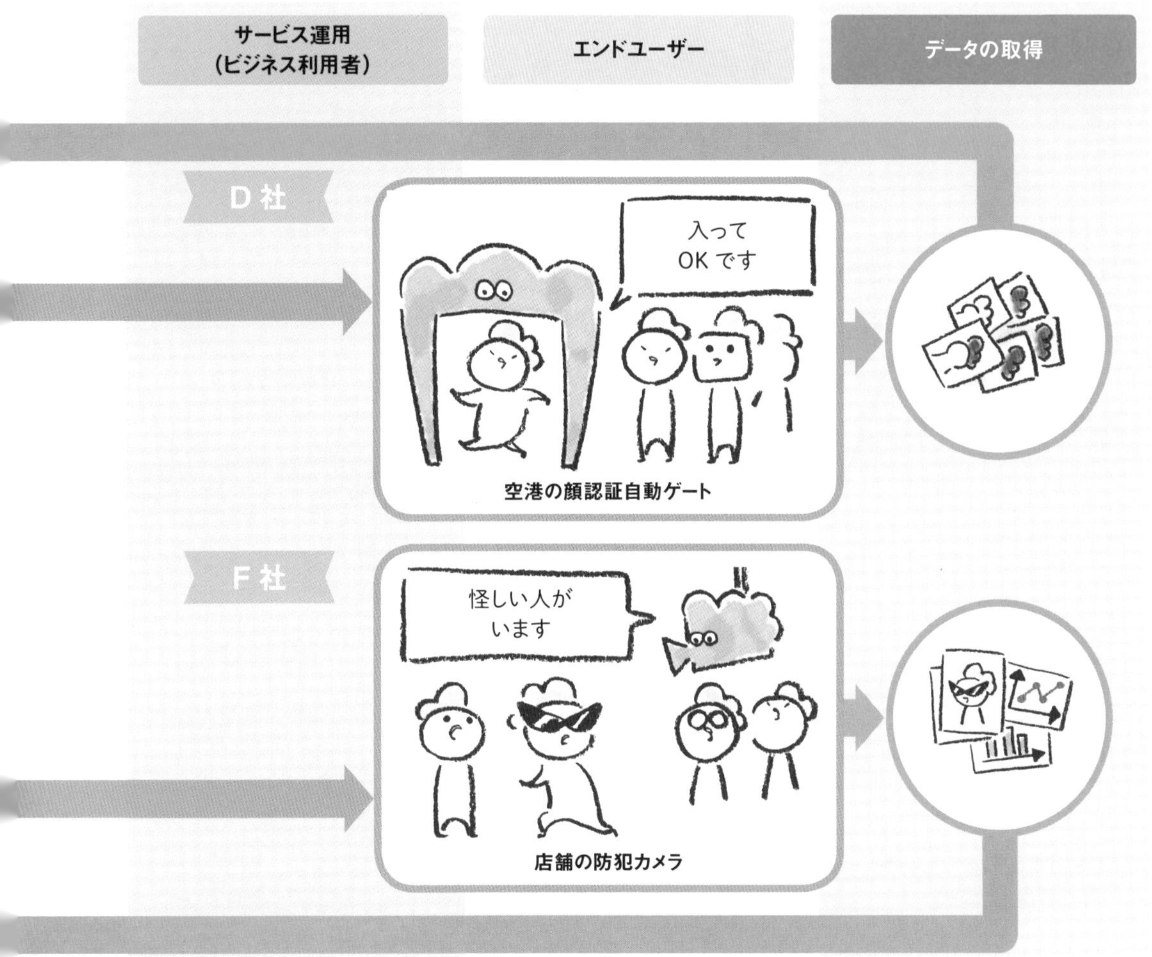

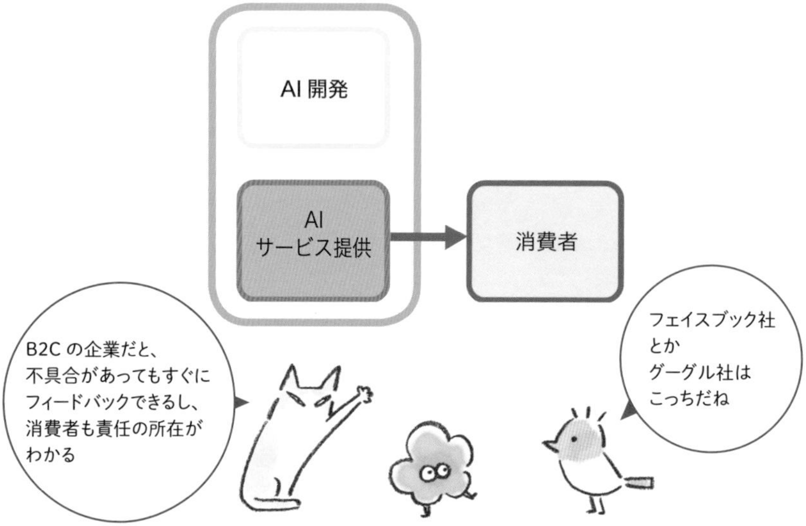
AI 開発
AI
サービス提供
消費者
B2C の企業だと、
不具合があってもすぐに
フィードバックできるし、
消費者も責任の所在が
わかる
フェイスブック社
とか
グーグル社は
こっちだね

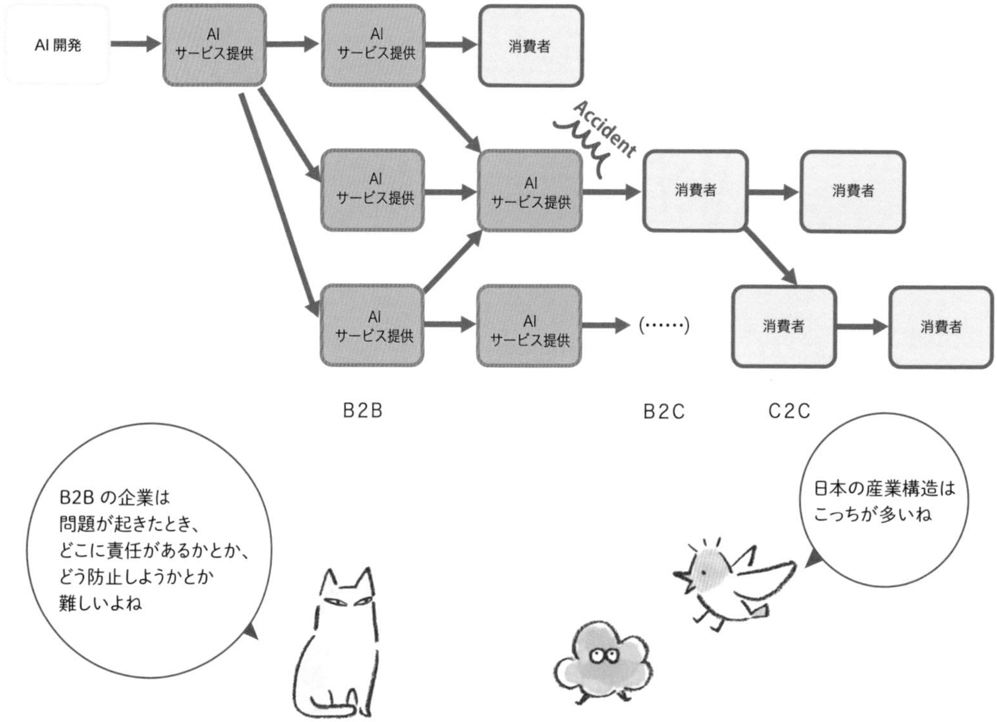
AI 開発
AI
サービス提供
消費者
Accident
(……)
B2B
B2C
C2C
B2B の企業は
問題が起きたとき、
どこに責任があるかとか、
どう防止しようかとか
難しいよね
日本の産業構造は
こっちが多いね

産業構造の違い

AIサービスや製品を開発するには、まずはデータを集めてアルゴリズムを設計して学習させます（☞2-5）。その過程で品質に問題がないかをモニタリングしたり（☞3-2）、データやデータセットに問題がないか（☞4-3）を精査します。問題がなければ実証段階を経て、AIサービスを提供します。

■ B2C企業

現在、米国や中国の巨大IT企業（☞6-4）の多くは、企業が直接一般消費者と取引をするBusiness to Customer（B2C）企業です。自社内でデータ収集や、AIの設計や開発、サービス提供と運用まで行っており、包括的にリスクの対応や責任所在を明確化できます。

また、消費者と直接コミュニケーションできるので、問題も把握しやすいです。一方で消費者に認知してもらうための広告費用などに、コストがかかります。

■ B2B企業

一方、多くの日本企業は、作ったAIサービスやシステムを消費者ではなく、別の企業に提供するBusiness to Business（B2B）企業です。B2B企業は、取引先がある程度固定化されているので、ひとつのサービスだけでなくさまざまな分野のB2C社と取引している可能性があります。そのため、たとえばアルゴリズムやデータに問題があった場合、どこが責任を取るのか、どこまで問題をさかのぼるのかが難しくなります。AI開発から消費者にたどり着くまでの長い道のりのどこで問題が起きたのか調査が難しいからです。

AIが「学習をし続ける」という特徴をサービス提供後も維持する場合、問題はさらに複雑になります。学習させたAIサービスが開発した企業の手を離れて、ほかのB2B企業に提供され、さらに提供先で学習やデータの更新が行われ、そのためにデータの偏りや問題が起きてしまった場合、どこの企業が責任を取るべきでしょうか？

サプライチェーンが長い構造になると、実際に消費者から見えているのは、直接取引をした企業のみで、その上流にあるB2B企業は見えません。消費者からするとB2C企業がAIを作っているように見えますが、実際その企業はAIに関しては詳しい情報を持っていないこともあり、B2C企業が日本企業であっても、中で動いているAIは外国製ということも少なくありません。

■ C2C、C2Bという新たな形

AIに関係する産業構造が複雑なのはCustomer to Customer（C2C）という形もあるからです。フリマアプリなどでは消費者が消費者に対してサービスや製品を販売しています。

さらには、Customer to Businessのように、逆に消費者が企業にサービスやデータを提供するなどの形も出始めてきています。

column

COVID-19とデータガバナンス

G2BやB2Gのデータ共有

2019年度末から世界的に蔓延したCOVID-19対策として、データ共有が進みました。従来も政府関連のデータのうち、統計情報に関してはオープンデータとして公開されていました（☞3-8）。COVID-19関連では、感染状況などリアルタイム情報を政府が公開し、企業や市民団体などでの活用が期待されます。

また、政府が保有しているデータが民間に共有されるGovernment to Business（G2B）だけではなく、民間企業が普段取得しているユーザーのデータを行政が活用するBusiness to Government（B2G）の動きもみられました。

たとえば、2021年現在、内閣官房の「新型コロナウイルス感染症対策」のサイトでは、東京をはじめとする都市部の人流の推移が公開されています。これらのデータの取得には、民間の携帯電話事業者の統計データが活用されています。

同意や目的外利用という課題

政府内の組織同士、政府と民間企業、あるいは民間企業同士でデータの共有が行われることで、公共の利益になる場合もあります。しかし、一般消費者がデータを勝手に共有されることに同意していない、知らされていない場合は問題になります（☞6-5）。

・公衆安全のアプリが監視ツールに

2021年にシンガポール政府が、「新型コロナウイルス対策のために導入した接触追跡アプリを、重大犯罪捜査に活用する」と発表しました。もともと政府は「アプリから集めた情報は、接触者追跡のみに使う」と説明してきたのにもかかわらずです。シンガポールでは2021年1月地点で、住民の8割近くが接触確認のアプリや端末を利用しており、アプリを通して政府が国民の個人情報を把握することが可能になっています。

公衆安全のためのアプリが、監視のツールとなってしまうということに関してプライバシーの観点から懸念されています。

運用の問題

日本のCOVID-19対策アプリは、プライバシー侵害度合いの少ない接触確認情報のみですが（☞7-3）、システムの開発や管理体制が問題視されました。

アプリは2020年6月に公開されましたが、開始直後に陽性者の登録で不具合が発生しました。さらに2021年1月に厚生労働省は、アプリがAndroidと一部のiPhoneで不具合が起きていたと発表しました。9月末から4か月余り、陽性者と接触しても「接触なし」と表示されるようになっていたのです。

ガバナンスの問題

日本の接触確認アプリの問題が見過ごされてしまった要因のひとつとして、サプライチェーンの長さが挙げられます（☞6-6）。接触確認アプリの開発は厚生労働省の依頼をもとに、複数の企業に下請けされる構造になっていました。

さらに、グーグル社とアップル社が作ったしくみの上で動くため、開発したら終了、ではなく常にシステムを監視（モニタリング）していなければなりません（☞3-2）。グーグル社の提供するAndroidやアップル社の提供するiPhoneのシステムが、セキュリティなどの問題を塞ぐために更新されれば、それに合うようにアプリも更新やバージョンアップデートをしなくてはなりません。

開発にかかわる関係者が増えると、運用のためのコストも大きくなります。また、問題がどこで起きたのかがわかりにくくなります。

さらに、接触確認アプリの件では、依頼元である厚生労働省側にも、技術的なことがわかる人材が不足していたと指摘されています。この事例からは、アプリやAIの開発における管理体制（ガバナンス）を整備しておくことの重要性が再認識されました。

下請けシステムの問題

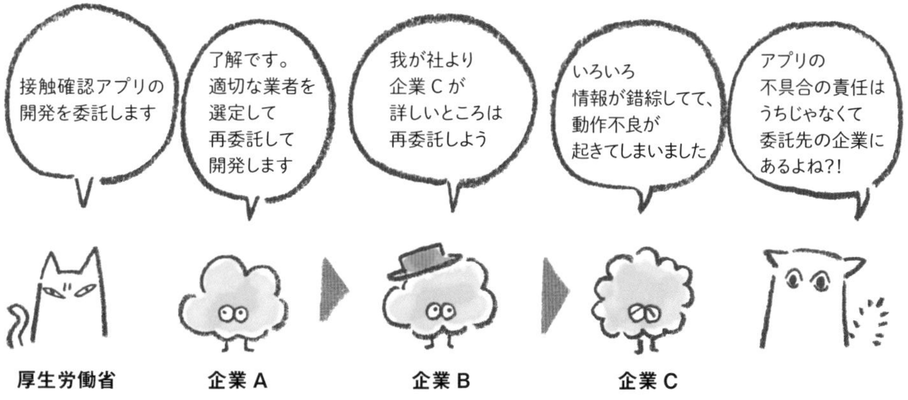

AIガバナンスエコシステムの構築

AIガバナンスとは、ある組織内でのAIに関連するガバナンスを意味します。しかし、今まで見てきたように、AIの「学習する」という特徴や日本の産業構造を考えると、一社や一組織だけでは、AIの課題に対応することはできません。

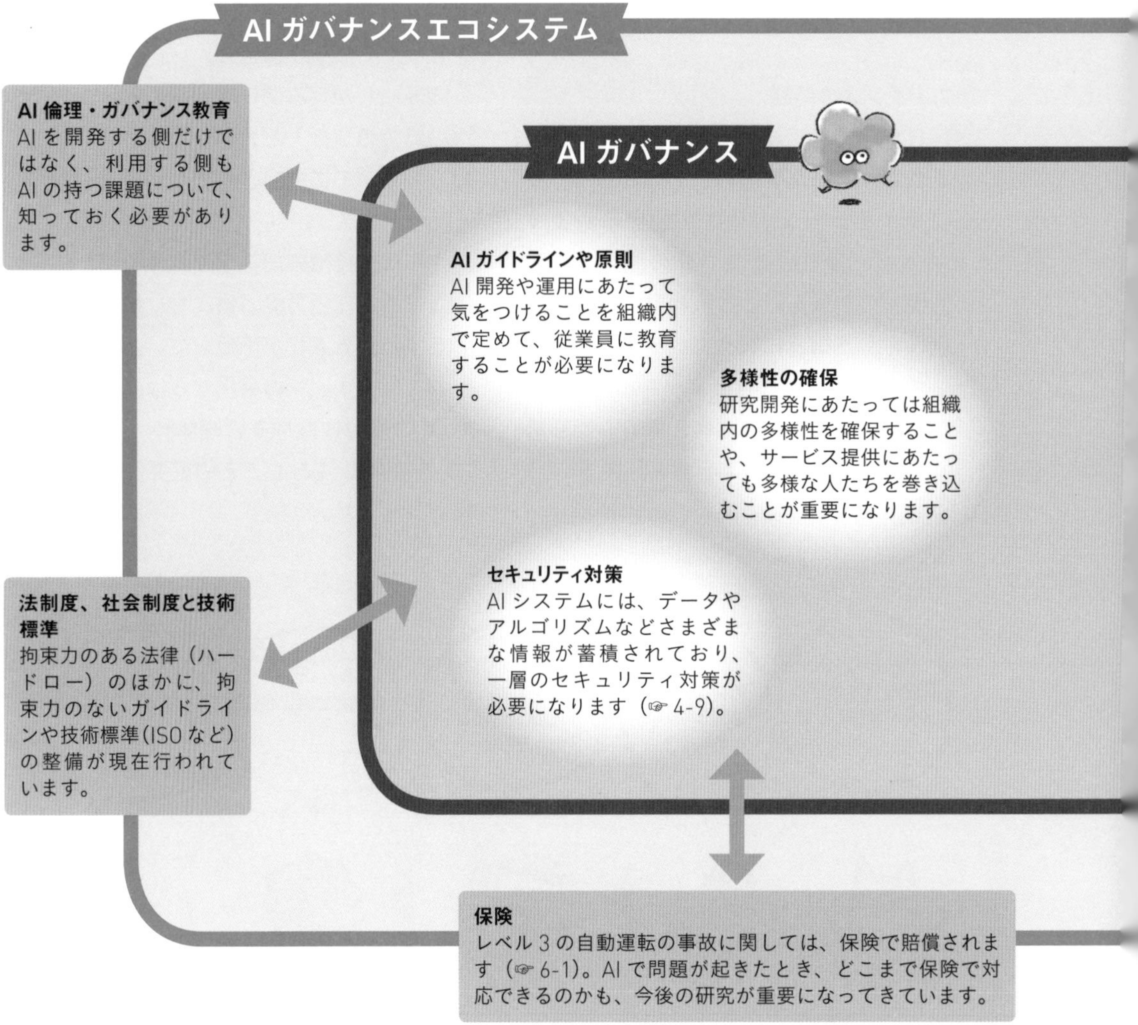

そこでほかのさまざまな機関や組織とも連携し合って、二重三重にもAIがもたらす課題を防ぐための網を張っておく必要があります。

このようにAIに関するガバナンスを、さまざまな概念や組織と合わせて考えていくことを、AIガバナンスエコシステム（生態系）と言います。

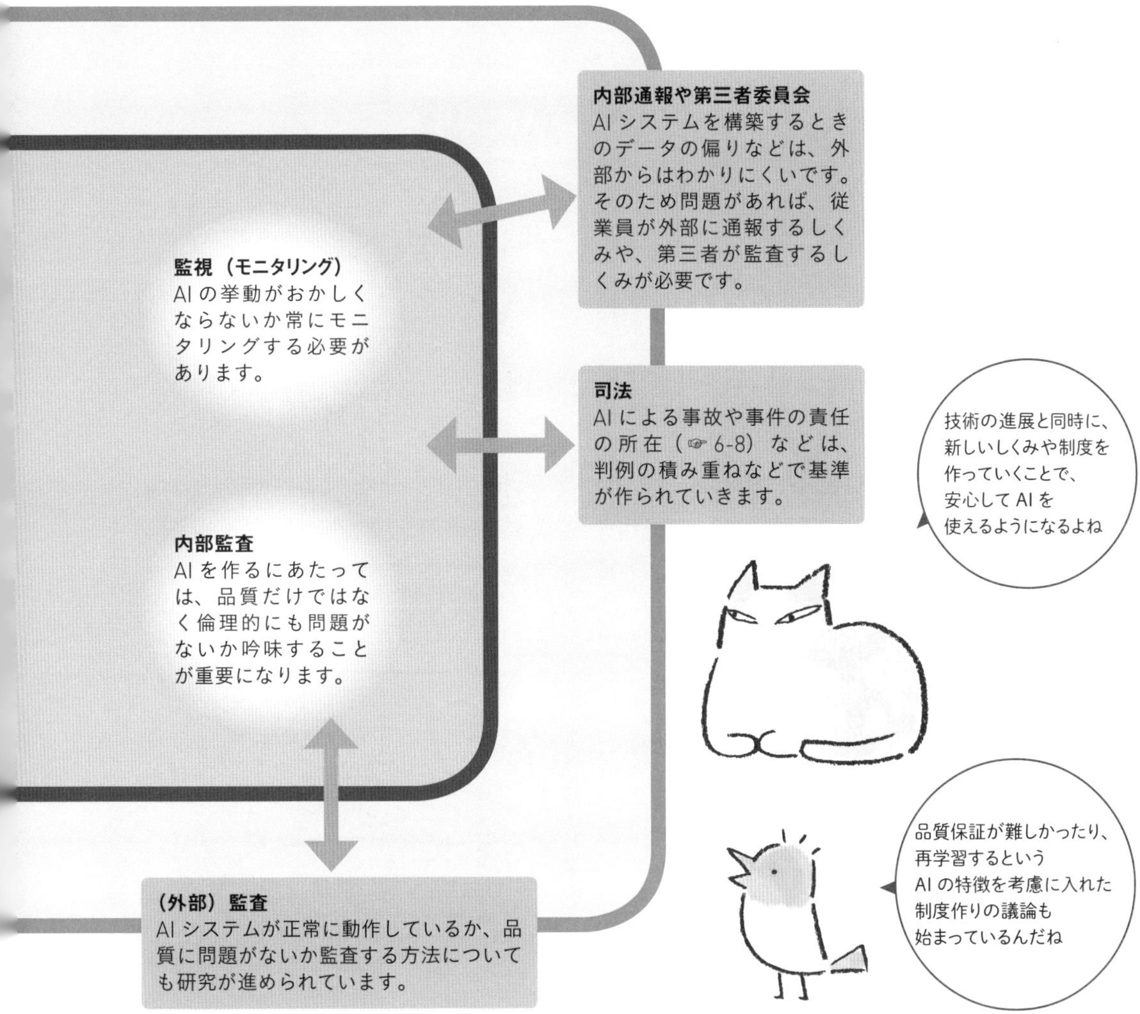

人間関与とリスク対応

人と機械の関係性はさまざまにデザインすることができます（☞ 1-3）。
自動運転など事故や事件が起きたときのリスクが高いものに関しては、
どのような設計思想で人と機械の関係性を位置づけるかが重要になってきます（☞ 7-3）。
どういう状況ならば、機械が自律的に認識や予測をしていいのでしょうか。

深刻度と頻度

リスクの深刻度や頻度に応じて、人間の介入度合いを決めるとする考え方があります。たとえば医療や交通システムなど、「万が一のときの影響が大きいものは人間が最終的に介入すべきである」という考え方です。これを人間関与の原則と言います。

一方で、頻度や深刻度が低いものは、ある程度は人間が関与せずに機械に作業を任せることができます。

非常停止ボタンの研究と教育

リスクを考えるときに問題となるのは、頻度が高いが深刻度が低いもの、または深刻度は高いけれど頻度が低いものです。これらについては、いざというときに、人間が機械の活動を適切に止める方法が議論されています。

これは、機械だけの話ではなく「いざというとき」を人間がそもそも判断できるのか、という人間に対する教育も含まれます。

■ 時間

機械の判断が人間には追いつかないほど速い場合があります。たとえば、為替取引は現在もはや機械が行っています（☞6-1）。人間のうっかりミスで1株100円を1株1円にしてしまって、わずか数秒で株が売り切れてしまうこともありました。

また、2009年におきたエールフランス空港447便は速度計が故障してから、わずか4分後には飛行機が海に墜落しました。機器の想定外な故障に対し、とっさの判断を、専門家であるパイロットができなかったためと言われています。

■ 知識

機械の裏で働いてるアルゴリズムを知らなくても、人間は機械も操作できます。でも、問題があったとき、知識を持ってすぐ対応できる人が現場にいるかどうかはわかりません。誰もが専門知識を持たなくても機械を扱えるようになる一方で、いざシステムが機能しなくなった場合は、高度な専門知識を持つ専門家が必要になるというジレンマがあります。

また人間がミスを犯しても、機械が自動で直してくれるとすれば、人間はミスに気がつかなくなります。今でも単語のスペルミスなどは、機械が自動で直してくれたり指摘してくれたりします。

そのため、機械に問題が起きたとき、「非常停止」を人間が押せる仕様になっていたとしても、とっさの判断で自動的に動いている機械を停止することができるのか、などが課題となってきます。

しかし、すべての作業を人間関与にしていたら、AIを導入するメリットがあまりありません。ですから、場合に応じて、また時には問題が起きたときの責任や補償のしくみを整備することによって（☞6-8）、AI（機械）を使っていくことが重要です。

6-8

責任と信頼性

AI のガバナンスを考えるとき、特に日本のような産業構造になっている場合、一企業だけでは、問題があったときに対応できません。どこで問題が起きたのかを考えるための、説明可能 AI（☞ 3-3）の開発や、リスクに応じて人間の関与度合いを考えるなどのしくみ作りもありますが（☞ 6-7）、利用者としては、「なぜ問題が起きたのか」ではなく、「問題が起きたとき誰が責任を取ってくれるのか」のほうが重要な場合があります。

信頼される AI とは

AI による事故や事件が起きないのが一番ですが、AI 自動運転車が事故を起こしたり、AI が不良品を検知できずに製品を出荷してしまったり、AI に提供したデータが知らないうちに流出していたりしていたとき、誰かが責任を取って補償してくれるシステムは信頼性があると言えます。

何か問題が起きたとき誰かが責任を取ることを英語ではアカウンタビリティ（結果責任／答責性）と言います。つまり、結果に責任を持つ、答える責任があるということです。

誰が責任を負うのか

自分には落ち度がないのに、AI が起こした事故の責めを負うのは割に合いません。そのため AI がなぜ間違った動作をしてしまったのかを理解する必要があります。

しかし、AI はほかの情報技術と違って、常に最適な結果や同じ結果が出ることを保証できなかったり（☞ 3-2）、ノイズによって認識を誤るなど頑健性に課題がある（☞ 3-5）という厄介な性質があります。

さらには、データ収集、アルゴリズム開発やサービス提供と運用が、別の企業で行われていて、それぞれの企業で学習や加工が行われている場合は（☞ 6-6）、誰が責任を負うのかがはっきりしません。

場合によっては、企業ではなく利用者が悪用して、第三者に被害をもたらす（☞ 4-7）事例もあるのです。また、AI が自律的に生成を行ったり、取引や会話をしたものには、人間が介入できないのでは、とする考え方もあります。

しかし、被害が生じている以上、誰かが責任を取らないといけません。そうしなければ、安心してAIサービスを使うことができないからです。

信頼性を確保するために

■ 透明性の確保

透明性の確保とは、どこで誰がAIにどのような変更や修正を加えたか、何を目的としてAIが作られたかなどの過程の記録や、誰がその都度の責任者であるかを明確化することです。監査機関やISOなどの認証などがプロセスの保証をすることもあります。

しかし、AIの技術的な特許や企業のノウハウなど、公開したくない内容も含まれているため、透明性の確保は簡単ではありません。秘密保持の契約を結ぶことで対応が可能な場合もありますが、国際的な企業では、国と国の貿易戦争によって、技術が流出することに国家的な懸念がある場合もあります。

また、透明性を確保するだけでは、そもそもAIの特徴である「常に最適な結果や同じ結果が出ることを保証できない」という点に関しては、事故や事件を防ぐことができません。

■ 補償の確保

問題が100％起きないとは言えないため、「もし事故が起きた場合は補償するから、安心して使ってください」とする方法もあります。わかりやすいのが保険です。

たとえば、自動運転車が歩行者を轢いてしまう事故が起きた場合、それがAIによるものかドライバーによるものかが不明なままだと、誰に賠償責任があるかわからないので、いつまでたっても歩行者に対する補償はありません。そこで自動車保険では、AIによる運転を視野に入れて、事故が起きたとき「賠償責任の有無にかかわらず保険会社が保険金を支払う」しくみがすでに採用されています。

しかし、保険会社も事故率が高いAIシステムやサービスを毎回補償するわけにはいきません。そこで、AIを提供している企業がAIを適切に作っているか審査する必要があります。透明性の確保と補償の確保は両輪でもあるのです。

デュアルユースと軍事利用

AIを利活用する事例として、自動運転や医療、不良品検知など、さまざまな例を考えてきました。私たちの生活に身近ではありませんが、世界的に議論が起きている軍事利用についても考えてみましょう。

殺人ロボット?

AIの軍事利用といったとき、多くの人がSFにあるように、意思を持ったロボットが人を殺戮するようなイメージを持つのではないでしょうか。あるいは、犯人をプロファイリングして「将来犯罪を起こしそうな人」を事前に拘束してしまう、といったようなイメージもあるかもしれません。

しかし、実際に軍事に求められているAIは、もう少し地に足のついたものです。

たとえば、今まで人間が行っていた標的の識別や検知の正確性やスピードが、AIを使うことで向上したりしています。そのほか、ビッグデータや監視カメラの映像などを駆使することで、人の移動が予測しやすくなったりもしています。今までは軍人が戦地に赴いていたのが、ドローンなどを使って遠隔で地上の状況を把握したり攻撃したりできるようになっています。さらには諜報活動に使われたりなど、戦場ではなくバックヤードでもAI技術が活躍しています。

民用と軍用の垣根

軍事といっても、ひとつの産業であるため、基本的には本章で紹介してきたように、機械に何を任せるかは人間が考えます（☞6-3）。また、今まで軍人がしていた仕事の一部を機械に置き換えるなどの改良を行うものに過ぎません（☞6-4）。

そのため不良品検知や顔認識など、街中や工場で使われているような技術が、軍事に転用されることも起こりえます。民用でも軍用でも使える技術のことを軍民両用（デュアルユース）技術と言います。

技術の習得やツールが民主化（☞3-8）されている現在、AIは政府などの軍だけではなく、テロリストなどにも利活用できてしまうという問題を抱えています。

また、技術開発にはお金がかかるので、デュアルユース技術の開発に、軍のお金と民間のお金を両方投入することで、潤沢な開発環境を整えている国もあります。

ハイブリッド戦争

技術の発展とともに、戦争のあり方も変化してきています。武力などの兵器を用いて攻撃を行うだけではなく、情報戦やサイバーセキュリティ攻撃(☞ 4-9)、フェイクニュース(☞ 4-7)を使って人々を混乱させることも行われています。正規・非正規を交えた軍事的な戦争に加えて、サイバー攻撃や世論操作などの心理戦も組み合わせているので、ハイブリッド戦争と言います。これによって戦時と平常時の垣根もあいまいになってきています。

判断の迅速化と人間関与

AI などの情報技術を駆使した戦争では、認識や予測の自動化がある程度可能になります。これによって攻撃判断などが迅速化されたり、場合によっては自動で何かの判断やアクションを行うように設定することができます。

判断の自動化は攻撃だけではなく、むしろ防御時に重宝します。攻撃を受けたら瞬時に感知して迎撃することが必要ですが、人間の判断を待っていたら間に合わない場合があるからです(☞ 6-1)。

しかし、AI による認識や予測も完璧ではありません。防御対応をしたと思ったら、誤認識であって、それが逆に攻撃ののろしとみなされる可能性もあります。判断の人間の関与を巡っては自律型致死兵器(☞ 2-8)の問題もあり、国際的な議論が行われています。

第7章

私たちに何ができるか

本書では、AI 技術と社会の課題を考えるときに、
無意識のバイアスがあると気づくことの重要性を強調してきました。
バイアスに気づくために必要な、
さまざまな人たちとの対話の重要性を最後に考えていきます。

目指したい未来を考えよう

AIがもたらすさまざまな課題の多くは、私たちの社会にすでに存在している問題を映し出しています。社会が変わらなければ、AIの問題が解決されることにはならないのです。「私たちはどのような人になりたいのか、どのような社会に住みたいのか」を問い続ける試みを続けていかなければなりません。

トランスサイエンスの時代

現代社会は知識共有や価値の合意が難しく、トレードオフが発生する厄介な問題（Wicked problem）があふれています（☞1-2）。

AIをめぐる議論のほか生命科学の操作技術や環境問題、COVID-19などのパンデミックのように、「科学に問うことはできても、科学に答えることはできない」問題群であふれています。このような問題群をトランスサイエンス（科学を超えた）問題と称します。

トランスサイエンスの時代では科学技術だけでは、社会のさまざまな問題を解決できません。問題を解決するはずの科学技術が別種の社会問題を生じさせるなど、社会と科学技術の関係は複雑になっています。また技術的や法的には問題がないけれど、人々の「なんとなく不愉快だ」といった感情的、倫理的な問題もあります。

それを無理やりAIの技術的な問題として解決しようとすると、倫理洗浄（☞4-4）という別種の問題を生んでしまいかねません。

さまざまな角度から、多様な人たちと協力して、科学技術と社会の問題や未来社会を考えることが大事になってきます。

■ コリングリッジのジレンマ

しかし、科学技術の進展はとても速く、すべての人の意見を最初から取り入れて完璧なものを作ることは、もはや不可能に近い状態です。

科学技術が社会で使われる前にその影響力を予測することが難しい反面、一度普及してしまった技術を制御するのは難しいのです。このジレンマを提唱した人の名前にちなんでこれをコリングリッジのジレンマと言います。

■ アジャイルガバナンス

そのためAIの技術開発や利活用ではアジャイル、つまり暫定的でも良いので適宜結論を出し、それをオープンにしていろいろな人からのフィードバックを得て、修正する柔軟なガバナンス、つまり体制作りが求められています（☞6-6）。これは技術だけではなく、

社会制度も同様です。

このようなアジャイルな方法に慣れている業界もあれば、動きにくい業界や分野もあるでしょう。しかし人々の価値や考え方、行動パターンが多様化、複雑化している現在、さまざまな人たちとかかわりながら、常に再帰的に、自分たちの足元を振り返る作業が求められます。

社会実験から実験社会へ

AIの利活用に対しては、技術を実験的な環境で使用する「社会実験」を行っていくだけではなく、変化し続けるAI技術や社会と付き合っていく「実験社会」に私たちは住んでいるのだと発想を転換することが大事です。

「実験社会」においては、専門家だけではなく、私たち一人一人が新しい技術や社会的な価値に向き合っていく必要あります。

さまざまな関係者が意思決定にかかわり、社会と技術の目指すべき方向性について役割と責任を持つ姿勢が、科学技術の責任あるイノベーション（Responsible Innovation）を推進します。

■ 気づかないことに気づくこと

本書で扱ったAI技術の課題の多くは、無意識のバイアスや特定の国や地域、職種やコミュニティの暗黙知によって引き起こされることが多いです。AIがその暗黙知やバイアスを増幅させます。

一方でAIは私たちの社会や生活を映し出す鏡でもあります。AIによって問題が認識されたり、可視化されたりすることで、足りなかった視点や無知の知に気づかされます。

AI技術は使いようです。さまざまな分野で使われることで、「社会はこうあってほしい」と再考するきっかけとなっていきます。

7-2

包摂と排除のデザイン

AI に関する技術や環境は多くの人が使えるようになっています。オープンな文化を持つ AI ですが、AI の開発環境自体が非常に閉鎖的だとも指摘されています（☞ 4-4）。
人類全体に貢献する AI となるためには、かかわる人の性別や人種などの属性の多様性と、いかなる属性であっても排除されないという包摂性が重要となります。

AI と包摂

ある特定の人を対象とした目的設計であっても、実際には多くの人に有益となるデザインがあります。

たとえば AI 技術のうち音声認識技術は障碍を持たれている方や、小さな子供あるいは高齢者などでも、直観的かつ直接的に操作できます。さらにはスポーツや料理中などで両手がふさがっていても、操作ができます。

音声や画像認識、文字による対話などのさまざまな入出力方法を選べると、サービスへアクセスしやすくなります。このような技術をアクセシビリティが高い技術と言います。

■ AI による排除と政治性

一方、AI は過去のデータなどから学習するため、目的や用途、使われるデータなどによって、排除される人が出てきます。過去の学習データにバイアスがかかっていると、その枠に当てはまらない人たちにとって不利な認識や予測結果をはじき出す可能性があるからです（☞ 4-5）。

AI をはじめとする人工物は決して中立ではなく、権力と結びつき政治性を持つことを認識する必要があります。

■ 環境整備の課題

AI 技術そのものによるものではありませんが、盲点となる排除の形があります。たとえば動画や写真などが多くあるサイトは重いため、ネット環境の悪い人たちにとっては「見にくい」サイトです。

5G などが目前にある都心に住んでいると意識しにくくなりますが、日本でもインターネットアクセスは東京と地方では格差があります。世界ではまだ 2 G の国や、国民全体のインターネットアクセスが低い国もあります。

また多くのサービスはスマートフォンなどの端末で利用する前提で作られています。しかし、総務省の白書によると 2019 年の個人のスマートフォン保有者の割合は 67.6% です。

新型コロナウイルス接触確認アプリもスマートフォンを持っていない人を、どのように包摂するかが問題になりました。

さらにAIの技術開発の環境がいかに民主化されていたとしても（☞3-8）、パソコンやネット環境などの初期投資には最低限のコストがかかります。経済的な格差や環境負荷の少ない開発環境をどのように作るかも、AIをめぐる課題として挙げられます。

意思決定への参加

自分の住んでいる住環境や文化と異なる場所のことは、把握しにくいものです。自分が把握していないコミュニティの人に対する不利益や差別を防ぐためには、設計の段階から多様な人たちが参加し、意思決定にかかわることが重要です。

しかし多様な人たちの意見を開発や設計段階から聞いていたとしても、参考事例としてのみ使われ、意思決定には反映されない場合も多くあります。多様な人たちを巻き込んだ議論が大事、という会議そのものに多様性がない場合も多々見られます。

会議の性質によっては、専門性を考慮するなど、多様性の担保だけが目的ではないこともあるでしょう。しかし、「何」を議論するかだけでなく「どのように」「誰と」意思決定をしていくかの形式も考えることが重要です。

■ AI自体も意思決定にかかわるのか？

SFめいてますが、将来的には社会の意思決定にAIも包摂するようになるのでしょうか？　過度な擬人化や機械への感情移入は慎重になる必要がありますが（☞5-6）、人と機械の関係性は常に変化し続けています。

7-3

設計思想とバイ・デザイン

AIの利活用には価値のトレードオフがあります（☞1-2）。どのような価値を重視するかは、技術の設計に意識的あるいは無意識的に埋め込まれます。開発する側も使う側も、モノやサービスは価値中立ではないということを意識しないと、思わぬ事件や事故に遭遇することになります。

バイ・デザイン（By Design）

製品やサービスの企画・開発段階から、プライバシーに配慮した設計を行うことをプライバシー・バイ・デザイン（Privacy by Design: PbD）と言います。同様に、開発段階からセキュリティに配慮することをセキュリティ・バイ・デザインと言います。

バイ・デザインという考え方が重要視されるのは、AIを使ったシステムが、プライバシーやセキュリティ、公平性といったいろいろな価値に関係しているからです。価値の多様性に無自覚であると思わぬ事故が起きてしまったり、法的あるいは倫理的な懸念を引き起こしたりします。

[事例：航空機の自動操縦]

AIがある程度、自動的な判断を行うシステムの場合、技術トラブルや緊急事態などの問題が起きたときに、人間が止められる設計が組み込まれています（☞6-7）。しかし、そのインタフェースのデザインがわかりにくければ事故が起きてしまいます。

たとえば自動操縦の権限移譲が複雑だと、事故や事件を引き起こしやすいです。この設計思想の違いとしてボーイング社とエアバス社の違いがよく指摘されてきました。

ボーイング社（アメリカ）は人間優先であり、システムに異常が起きたときは、パイロットが人力でホイールを操作するだけでシステムの自動制御を無効化、権限を上書き（オーバーライド）できます。一方、エアバス社（フランス）はシステムが優先であり、自動操縦を解除するためには、パイロット側でいくつかの手続きを踏む必要がありました。

自動操縦解除法が複雑だったり、システムによって仕様が異なると、とっさに人間が反応できないことがあります。これが事故や事件を引き起こしてしまうため、どのような設計思想で作られているかを、開発者は適切に説明する責任が（☞ 5-7）、利用者も事前に確認する必要があります。

[事例：COVID-19 対策アプリ]

感染者と、感染者と接触した人の行動を把握すれば、感染拡大を抑止できます。このような考え方のもと、COVID-19 関連アプリがさまざまな国と地域で導入されています。

アプリを各国が開発するにあたっては、個人情報やプライバシーの扱いが課題になってきました（☞ 4-8）。人々の行動を把握することは公衆衛生上のメリットがありますが、一方で人々のプライバシーを侵害する可能性があるというトレードオフがあります（☞ 1-2）。

アプリが開発された国の設計思想の違いから、各国・地域が重視している社会的な価値の濃淡を見ることができます（☞ 1-4）。

情報を国が集中管理すれば、個人特定が可能になり、違反者に罰則を科すことができます。このような法的拘束力があれば、感染拡大防止の効果が見込めますが、一方で監視社会となる懸念もあります。プライバシーよりは感染拡大防止を重視する設計思想のもと、アジアや中東の国々は、アプリの全国民への普及を展開しています。

一方で、国が集中管理するよりは、個人の端末のみにとどめておくほうがプライバシーは守られます。欧米やアフリカ、日本などはプライバシーを重視し、接触の可能性がある人への注意喚起をするアプリとして位置付けています。プライバシーは保護されますが、ダウンロードが任意かつ罰則もないので、普及率に問題も抱えています。

▼接触追跡・接触確認アプリの国別情報管理比較

情報管理	国のサーバー					個人の端末
参加	全国民の参加呼びかけ			感染者、接触者と入国者	任意	
政府による個人特定	可能				匿名のため不可能	
データ	位置情報・個人情報・顔認証・購買情報	位置情報・個人情報	接触情報・個人情報	位置情報・個人情報・購買情報	接触情報	
導入国	 中国	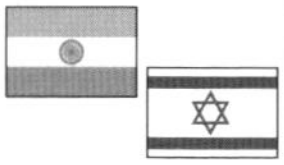 インド、カタール、イスラエル	 シンガポール	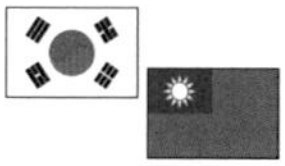 韓国、台湾	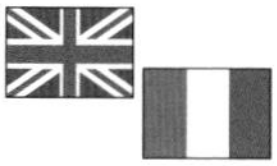 イギリス、フランス、オーストラリア	ドイツ、ブラジル、エストニア、デンマーク、南アフリカ、アメリカの各州、日本等

小 ← プライバシー重視 → 大

感染拡大防止 ← 目的 → 注意喚起

7-4

私たちにできること

本書を読んでいる人の、AIとのかかわり方はさまざまでしょう。「私はAIなんて使っていないよ」と言う人もいるかもしれません。しかしAIをはじめとする情報技術は、生活の中に気がつかないうちに入り込んでいます。一利用者、一市民としてAIの課題に取り組んでいくことが求められています。

AI倫理原則の合意形成

AIがさまざまな課題をもたらす中で、重視するべき価値の議論が、世界各国で産学官民の多様な人たちを巻き込んで行われています。価値の重要度や表現方法に差はありますが、大まかな合意はでき始めています。

下のリストは米ハーバード大学の研究機関が、公開されている世界各国の報告書を見比べて、共通するキーワードを抜粋したものです。本書でも関連する内容を扱っています。

- 国際的な人権（☞5-6）
- 人間の価値の促進（☞5-4、5-5）
- 専門家の責任（☞6-8）
- 技術の人間管理（☞6-7）
- 公平性と非差別（☞4-3から4-5）
- 透明性と説明可能性（☞3-3、6-8）
- 安全性とセキュリティ（☞4-9）
- アカウンタビリティ／答責性（☞6-8）
- プライバシー（☞4-8）

誰もがAIガバナンスの関係者

第1章ではさまざまな価値のトレードオフがあること、さらには国や地域によってAI開発に関する考え方やネットワーク形成のバリエーションがあることを紹介しました（☞1-3、1-4）。またAIガバナンス（☞6-6）では、AI開発者、企業、最終消費者や政府のそれぞれの役割分担やデータ共有の重要性を紹介しました。

AI開発技術が民主化され、さまざまな場面にAIが導入されつつある現在、誰もがAIガバナンスにかかわる当事者になります。国内外の関係者と連携しながら、私たちにできることについて考えていきましょう。

■ 社会の構成員としてできること

AIやその周辺技術は、気がつかないうちに私たちの生活の中のインフラと化しています。また、人間そのものもサイボーグ化しています（☞5-8）。そのため、まずはAIがどのような特徴をもち、どのような問題が起こりえそうかに気がつくことが重要になります。

食べるものの原材料を気にするように、どのようなデータやアルゴリズムを用いて、どのような目的のためにAIが使われているのかを気にすることが第一歩です。

■ 社会からの要請がしくみを作る

技術的に難しいことまでわかる必要はありません。少しでも不安があれば、周りの人や製造元に聞いてみてください。

最初から完璧なAIシステムはありません。また、サービス提供側も、消費者や利用者などの社会側からの要請がなければ、公平性や透明性の確保、エネルギーや環境負荷の低い技術開発など、コストのかかる実装をするインセンティブ（動機）は出てきません。

利用者の素朴な疑問、開発者やサービス提供者とは違う視点の共有が、よりよい技術や制度、さらには社会の構築につながります。

これは持続可能な技術や社会を作ることも同様です。AI開発は常に更新し続ける永遠のベータ版であり（☞6-6）、アジャイルに開発がすすめられます（☞7-1）。プライバシーやセキュリティの観点からも、サービス提供者側に適切なガバナンスをするよう社会側から要請をしていくことが重要です。

■ 社会制度を味方につける

開発者やサービス提供者に疑問を投げかけると同時に、社会制度的なしくみを味方につけることも重要です。現在は個人がデータを生み出しています。場合によっては、あるAIシステムを使うためには情報を提供しなければならないしくみになっています。

現在はデータポータビリティ権（☞6-4）や消去権（☞4-8、5-3）など、データに関する新しい権利も提唱され始めています。自分の情報やデータは自分で守るとするセキュリティ意識の涵養も求められています。

■ 開発の上流からさまざまな人と議論する

AI開発者やAIサービス提供の企業、さらには制度設計などにかかわる政策関係者や、専門家の人たちも社会の構成員です。

AI開発が民主化されているため、個人がアプリ開発をするのも容易になりつつあります。

AI研究開発に携わるときには、技術に何ができるかから始めるのではなく、「社会で実現したい価値は何なのか」「それはAIでないとできないことなのか」を考え（バックキャスティング）、リスクベースで問題を洗い出すことが重要です（☞コラム：リスクチェーンモデル）。

議論するときには多様性や包摂性を大事にし、自由な発言がしやすい雰囲気を作ることが必要です（☞7-2）。問題をAI開発の上流から考えることは開発を止めることには直結しません。むしろ、制約や懸念が新しい研究や価値の創成につながることが期待されます。

column

リスクチェーンモデル（RCModel）

AIを使ったシステムやサービスは、透明性の確保が重要とされていますが（☞6-8）、具体的にどうすればよいでしょうか。世界各国でさまざまなAI原則やガイドライン、チェックリストなどが作成されています。その原則を実践に落とし込んでいく方法として、東京大学の研究グループが開発したリスクチェーンモデル（RCModel）を紹介します。

① RCModelの目的と範囲を知る

RCModelとは、自分たちが企画・開発・運営するAI製品やサービスのリスクを識別し、そのリスクを最小限にできるかを関係者間で考え、第三者に説明するためのツールです。

企業内の開発者、法務、監査だけではなく、委託先や利用者なども一緒に考えることでリスクの見落としに役立ちます。

② RCModelの構造を知る

RCModelでは、(1) AIモデル（精度や頑健性等）やAIシステム（データの質・量や他システムとの連携等）などの技術、(2) サービス提供者（公平性やプライバシー保護等）と(3)利用者や消費者（責任、リテラシー等）の3層に構造化しています。

③サービスが実現する価値や目的を検討する

特定の製品やサービスのリスクを考えるために情報を収集します。そしてAIサービスが「生産性の向上」「労働負荷の軽減」など、どのような「価値・目的」を実現したいのかを検討します。AIに関する問題の多くは「価値」のトレードオフの議論です（☞1-2）。優先すべき価値や目的は何かを識別することが、リスクを考えるためにも重要になります。

［収集する情報例］
- AIサービスの利用目的
- システムの概念図
- 使用するアルゴリズムやデータ
- 開発者と利用者の役割分担
- 開発方法や学習頻度

④リスクシナリオを検討する

実現すべき価値や目的ごとに、その価値や目的が達成できなくなるリスクシナリオを検討していきます。たとえば精度や頑健性に問題があれば、生産性の向上は望めません。AIが適切に利用されなければ労働負荷はむしろ増大します。このようなシナリオを、既存の事例集や現場の経験などをもとに関係者で検討し、シナリオごとに優先度をつけます。

⑤シナリオごとにリスクチェーンを引く

シナリオごとに、RCModel のどの層でリスクが顕在化するか、順番を考えながらチェーン（線）を引いていきます。チェーンは一方向や単線であるとも限らず、どこが起点になるかも、扱うリスクや問題によって変化します。

⑥シナリオごとにコントロールを検討する

チェーンを引いたすべての要素でリスクを低減することは、費用対効果の観点から望ましくありません。チェーンが引かれているということは、どこか1か所でもその線の流れを止めることができたら、リスクが起きる可能性を低減できる、というのが RCModel の考え方です。

どの層で対策（コントロール）を取るのがよいかを関係者間で議論し、モデルやシステム開発者、サービス提供者、利用者のそれぞれの層で、取るべき対策や責任の範囲を考えます。

多くの AI システムは複数の層に線が引かれます。そのため、開発者だけではなくサービス提供者や利用者も AI のリスク対策を考える必要性があります。

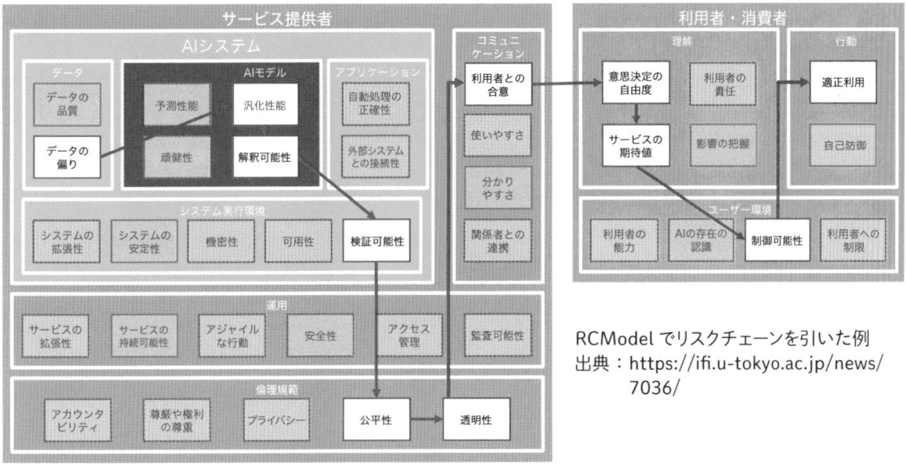

RCModel でリスクチェーンを引いた例
出典：https://ifi.u-tokyo.ac.jp/news/7036/

おわりに

「図鑑を作りませんか」と、技術評論社の佐藤さんからお話をいただいたのは、2019年秋、まだ世界がCOVID-19で一変する前のことでした。本書でもところどころCOVID-19関係の項目は入っています。COVID-19前後で、生活や仕事のあり方はかなり変わりましたが、AIと社会をめぐる問題の本質は変わっていないな、というのが本書を書き上げた後の感想です。

最初にご提案いただいた文書には、「AIのしくみを解説するだけでなく、社会への影響、これからの社会へ向けての展望までを絵で見せる本を作りたいと思っています。実用書ではありますが、読み終えたときには少し世界の見え方が変わってくる、そんな本にできれば」と書かれていました。本書を読み終えた方が、そのような印象を持っていただければ嬉しいです。

とはいえ、図解や絵を中心に本を作るという試みは初めてで、かなり迷走もしました。科学コミュニケーションの分野では、わかりやすさと正確さをどのように両立させるかが課題となります。何を「絵と図」に入れて何を捨てるか、どのように表現したらわかりやすいのか。結局「字ばっかり」のページも出てきてしまうなど、反省点もありますが、私が大事だと思う項目を凝縮して詰め込みました。幅広い論点を扱っているので、本書に問題やおかしな点があった場合、それはすべて著者の責任によるものです。

本書ではところどころで人間、社会、あるいは「私たち」という言葉を使ってきました。しかし著者である私が属している社会やコミュニティ、私から見えている地平は、ほかの国や文化、職種、価値観の人から見えているものとは異なります。それらをすべて丸めて一言で「社会」と言ってしまうのは、著者が見ているものを無理やり共有してもらうとしていて乱暴かもしれません。

私の好きな言葉のひとつに「地獄への道は善意で敷き詰められている」があります。誰もがそれぞれの立ち位置から望ましい社会や幸福を目指しているのに、その到達点や到達途中の現在が、ほかの人やあるいは自分自身にさえ、好ましいものではなくなっているかもしれない、ということを的確に表現しています。

これを避けるためには、本書でも言及して

きたように、自分自身の置かれている状況を一歩外から見ること、ほかの立場の人の意見に耳を傾け対話すること、予定変更する勇気を持つこと、などいくつかのアプローチがあります。

本書を読んでいて「そこは違うのではないか」と思う個所があれば、そこから新たな対話が始まるきっかけになれば、と思っています。私たち（という言葉をまた使ってしまいますが）一人一人が見える範囲、できることに限りはありますが、対話や協働で生まれる力もあります。

本書も多くの方々の支えがあって送り出すことができました。紙面が限られているため、すべての方のお名前を挙げることはできませんが、城山英明さん、國吉康夫さん、佐倉統さん、宍戸常寿さん、渡部俊也さん、中川裕志さん、松本敬史さん、工藤郁子さん、長倉克枝さん、藤田卓仙さん、人工知能学会倫理委員会委員の皆さんと人工知能学会での AI 創作物イベントにご協力をいただいた AI 美空ひばりと TEZUKA2020 プロジェクトの皆さん、日本ディープラーニング協会関係者の皆さんとの対話から特に大きな刺激を受けました。

本書の内容は JST-RISTEX JPMJRX16H2「多様な価値への気づきを支援するシステムとその研究体制の構築」（代表：江間有沙）、トヨタ財団研究助成プログラム「人工知能の倫理・ガバナンスに関するプラットフォーム形成」（代表：江間有沙）、セコム科学技術振興財団「ELSI 概念の再構築」（代表：見上公一）、JSPS 科研費基盤研究（A）18H03620「新たな情報技術・バイオテクノロジーの国際的ガバナンス - 情報共有・民間主体の役割」（代表：城山英明）の研究成果の一部が含まれています。

また本書は、技術評論社の佐藤民子さんの伴走がなければ、ここまで仕上がりませんでした。イラストレーターのさかがわ成美さんには、私のつたない落書きをとてもかわいらしいキャラクターで表現していただきました。締め切りを過ぎるなどで、デザイナーさんはじめ、多くの方々にもいろいろと言葉では言い尽くせぬほど、非常にご面倒をおかけしました。私自身、フルカラーの本書を手に取る日がとても楽しみです。

最後に、いつも支えてくれた家族に感謝します。

2021 年 4 月　　江間有沙

AI と社会について理解を深めるためのブックガイド

本書で紹介したさまざまな話題について、もっと知りたい人のためのブックガイドです。
AI の技術的な本に関するブックガイドはすでに数多く存在しているので、
本書では AI と社会の過去、現在、未来を考えていくうえで参考となるような本を、
紙面の都合上、著者の独断と偏見による選定で紹介します。
AI とは全く関係ない本も入っていますが、AI が社会と相互に関係しあっている以上、
社会について知ることが大事になります。

まずは、AI の技術的なしくみや今後の展望といった幅広な観点から詳しく知りたい方にメラニー・ミッチェル『教養としての AI 講義』(日経 BP、2021、原著 2019)をお勧めします。AI の過去・現在・未来のほぼすべてが書かれています。本書でも何回か扱っていた AI の創造性の今後の展開に関しては松原仁『AI に心は宿るのか』(集英社、2018)がお勧めです。羽生善治さんとの対談も収録されています。

AI が引き起こすさまざま課題のうち、法に焦点をあてたものとしては宍戸常寿 他編『AI と社会と法』(有斐閣、2020)がお勧めです。サイバーセキュリティやフェイクなどの具体的な問題を、対談形式で読み進めることができます。ほかにも幅広な法的な論点を扱った弥永真生・宍戸常寿編『ロボット・AI と法』(有斐閣、2018)も、最初のとっかかりとしては良いでしょう。

倫理的な観点に関しては、久木田水生・神崎宣次・佐々木拓『ロボットからの倫理学入門』(名古屋大学出版会、2018)が入門編としては参考になります。もう少し詳しく知りたい方は、ウェンデル・ウォラック/コリン・アレン『ロボットに倫理を教える』(名古屋大学出版会、2019、原著 2008)やマーク・クーケルバーク『AI の倫理学』(丸善出版、2020、原著 2020)も現代の倫理的、社会的な課題を解きほぐしてくれます。

人間がサイボーグ化していく中において、心や人間とは何かを考えたい人はアンディ・クラーク『生まれながらのサイボーグ』(春秋社、2015、原著 2004)がヒントになるでしょう。また、岡田美智男『〈弱いロボット〉の思考』(講談社、2017)は、5-2 で紹介したように、ロボットと人との関係性について考えさせられる 1 冊です。

AI が社会に実装される中で、既存の社会構造が破壊されたり問題が起きることに警鐘を鳴らしている本としては、山本龍彦『おろそしいビッグデータ』(朝日新聞出版、2017)や、キャシー・オニール『あなたを支配し、社会を破壊する AI・ビッグデータの罠』(インターシフト、2018、原著 2016)があります。これらに対する対抗策として、ケビン・ミトニック/ロバート・バモシ『伝説のハッカーが教える　超監視社会で身をまもる方法」(日経 BP、2018、原著 2017)も、必読です。一方で、梶谷懐・高口康太『幸福な監視国家・中国』(NHK 出版、2019)は、中国という巨大 AI 国家を通して、監視強化を進めていく社会に対する新たな一面を提示してくれます。COVID-19 以降、私たちの社会は安全と監視のトレードオフに何度も直面してきました。民主主義や個人の権利といった基本的な概念を改めて考えていくことが、AI 社会では必須になってきます。

新しい技術が入ることによって、仕事のしかたや働き方がどのように変わるのかについては、ジェリー・カプラン『人間さまお断り』(三省堂、2016、原著 2015)がお勧めです。一方、古典ですがルース・シュウォーツ・コーワン『お母さんは忙しくなるばかり』(法政大学出版局、2010、原著 1983) は、6-2 で紹介した洗濯のような家事が、白物家電が入ってきてどのように変わったかを歴史的にひも解いており、今読んでも示唆に富みます。

AI の問題は社会の問題に根差しています。ウォルター・シャイデル『暴力と不平等の人類史』(東洋経済新報社、2019、原著 2017)、デボラ・ヘルマン『差別はいつ悪質になるのか』(法政大学出版局、2018、原著 2011) は AI の本ではありませんが、不平等や差別そのものについて考えるための助けになります。

AI に関する事件や課題に対する体当たりのノンフィクションも数多くのものが出ています。その中でも、4-6 で扱ったようなアメリカの大統領選において社会の分断を引き起こした会社の内部事情を記したクリストファー・ワイリー『マインドハッキング』(新潮社、2020、原著 2019) や、アマゾン社やウーバー社への潜入記でもあるジェームズ・ブラッドワース『アマゾンの倉庫で絶望し、ウーバーの車で発狂した』(光文社、2019、原著 2018) は、事実は小説よりも奇なりと思わせます。

このような問題を解決したり、さらに複雑にしたりしているのは、プラットフォーム企業です。エイミー・ウェブ『BIG NINE』(光文社、2020、原著 2019) やスコット・ギャロウェイ『the four GAFA』(東洋経済新報社、2018、原著 2017) は、私たちが知らずに使っているサービスが、世界のインフラになっていることに気づかせてくれます。

最後に、著者がほかで書いたものに興味を持っていただけるようであれば、江間有沙『AI 社会の歩き方』(化学同人、2019) で AI をめぐる論点と多様なステークホルダーをつなぐための対話の実践について書いているほか、日本科学協会編『科学と倫理』(中央公論新社、2021) で AI 故人についての論考を一章分、書いています。ほかにもいくつか分担で執筆させていただいているので、名前で検索していただくか、個人ウェブサイト (https://arisaema0.wordpress.com/) をご覧ください。著者の専門分野である科学技術社会論に関心を持たれた方は、藤垣裕子 他編『科学技術社会論の挑戦 (全 3 巻)』(東京大学出版会、2020) がお勧めです。

まだまだ書き足りないのですが、ひとまずここで終了とします。見ていただいておわかりになるように、AI と社会に関する本は近年、国内外で数多く出版されています。素晴らしいことに、洋書も比較的早い時期に日本語に翻訳されています。ただ、その多くは欧米、少し中国のものです。なかなかそれ以外の情報は日本語では得にくい状況ではありますが、アフリカ、中東、南米、東南アジアの国々の情報も、AI と社会を考えるうえで、今後ますます情報が充実していくことになるでしょう。

参考とするウェブサイト

最新の情報などはウェブサイトから得ることができます。
教材に関しては、MOOC（Massive Open Online Course：大規模公開オンライン講座）として国内外の講座の多くが無料で見ることができます。
「MOOC 機械学習」などでウェブ検索すると、国内外のトップ研究者の動画を見ることもできます。
AI の倫理に関しては、英語になってしまいますが、フィンランドのヘルシンキ大学が「AI の倫理」MOOC ウェブサイトを公開しています（https://ethics-of-ai.mooc.fi/）。

AI ガバナンスに関するウェブサイト

6-1 の医療 AI のタイプ分類や、7-4 のリスクチェーンモデルの概要は、東京大学未来ビジョン研究センターのウェブサイト（https://ifi.u-tokyo.ac.jp/projects/ai-governance/）で公開しています。また日本ディープラーニング協会のウェブサイトでは、6-6 の監査や保険、標準化など AI の外部環境に関する研究会のレポートを公開しています（https://www.jdla.org/about/studygroup/）。

3 章で参照した研究

3-8 で紹介したように、AI 関係の研究論文は多くが公開されていて、誰でも見ることができます。
特に有名なのが arXiv（アーカイブと読みます）です（https://arxiv.org/）。
3 章で参照したいくつかの論文もすべて arXiv のウェブサイトで閲覧することができます。

＊1 Robert Geirhos, et al., ImageNet-trained CNNs are biased towards texture; increasing shape bias improves accuracy and robustness, https://arxiv.org/abs/1811.12231
＊2 Ian J. Goodfellow, et al., Explaining and Harnessing Adversarial Examples, https://arxiv.org/abs/1412.6572
＊3 Tianyu Gu, et al., BadNets: Identifying Vulnerabilities in the Machine Learning Model Supply Chain, https://arxiv.org/abs/1708.06733
＊4 Simen Thys, et al., Fooling automated surveillance cameras: adversarial patches to attack person detection, https://arxiv.org/abs/1904.08653
＊5 Zuxuan Wu, et al., Making an Invisibility Cloak: Real World Adversarial Attacks on Object Detectors, https://arxiv.org/abs/1910.14667
＊6 Grigory Antipov, Face Aging With Conditional Generative Adversarial Networks, https://arxiv.org/abs/1702.01983
＊7 Han Zhang, et al., StackGAN: Text to Photo-realistic Image Synthesis with Stacked Generative Adversarial Networks, https://arxiv.org/abs/1612.03242
＊8 Jun-Yan Zhu, et al., Unpaired Image-to-Image Translation using Cycle-Consistent Adversarial Networks, https://arxiv.org/abs/1703.10593

索 引

英数字

あ行

か行

さ行

た行

な行

は行

ま行

や行

ら行

ご質問の前に、まずこちらをご確認ください

1. 訂正・追加情報は以下の URL にアップロードされていますので、ご質問の前に、まずこちらをご確認ください。
   https://gihyo.jp/book/2021/978-4-297-12130-3
2. 上記 URL にて解決できなかった場合は、上記 URL の「お問い合わせ」からご質問ください。

＊ お電話によるご質問および本書に記載されている内容以外のご質問には一切お答えできません。なお、ご質問の際に記載いただいた個人情報は、質問の返答以外の目的には使用いたしません。また、質問の返答後はすみやかに削除させていただきます。

▍著者紹介

江間有沙

東京大学未来ビジョン研究センター准教授。2017 年より国立研究開発法人理化学研究所革新知能統合研究センター客員研究員、2021 年より国立研究開発法人産業技術総合研究所情報・人間工学領域 研究支援アドバイザー。人工知能学会倫理委員会委員。日本ディープラーニング協会理事。2012 年東京大学大学院総合文化研究科博士課程修了、博士（学術）。専門は科学技術社会論（STS）。主な著書に『AI 社会の歩き方』（化学同人、2019）。

▍カバー／本文デザイン
加藤愛子（オフィスキントン）

▍カバー／本文イラスト
さかがわ成美

▍本文 DTP
加藤愛子（オフィスキントン）
高瀬美恵子（技術評論社）

▍作図
安藤しげみ

絵《え》と図《ず》でわかる　AI《えーあい》と社会《しゃかい》
——未来《みらい》をひらく技術《ぎじゅつ》とのかかわり方《かた》

2021 年 6 月 1 日初版第 1 刷発行
2023 年 9 月 12 日初版第 2 刷発行

著　者　江《え》間《ま》有《あり》沙《さ》

発行者　片岡 巌

発行所　株式会社技術評論社
東京都新宿区市谷左内町 21-13
電話 03-3513-6150 販売促進部
電話 03-3513-6166 書籍編集部

印刷・製本　株式会社加藤文明社

定価はカバーに表示してあります。

造本には細心の注意を払っておりますが、万一、乱丁（ページの乱れ）や落丁（ページの抜け）がございましたら、小社販売促進部までお送りください。送料小社負担にてお取り替えいたします。

ISBN978-4-297-12130-3 C3055
Printed in Japan